AF462078

SOCIÉTÉ IMPÉRIALE ET CENTRALE
D'AGRICULTURE.

MÉMOIRE

SUR

LA SITUATION

DE LA PROPRIÉTÉ FORESTIÈRE

DANS L'INTÉRIEUR DE LA FRANCE,

par M. Becquerel.

EXTRAIT DES MÉMOIRES
DE LA SOCIÉTÉ IMPÉRIALE ET CENTRALE D'AGRICULTURE. — ANNÉE 1853.

Depuis quelques années, les particuliers et les économistes se préoccupent vivement de la baisse incessante du prix des bois à Paris, et des conséquences qui en résulteront pour les forêts en elles-mêmes et pour le sol qui les produit, dont la valeur va se trouver de beaucoup inférieure à celle des terres cultivées en céréales. Cette inégalité, alors que les charges sont plus considérables pour la propriété forestière que pour la propriété agricole, ne tend rien moins qu'à faire dénaturer la première, soit en demandant le rapport de la loi qui défend encore le défrichement sans autorisation préalable, soit en employant des moyens détournés que le gouvernement ne saurait empêcher. On peut donc dire que relativement à l'existence de la propriété forestière il y a péril en la demeure.

J'ai pensé qu'un examen sérieux de l'état actuel du produit de nos forêts et de leur avenir pourrait conduire à des résultats qui intéresseraient le gouvernement et les particuliers, c'est-à-dire la société entière. C'est ce motif qui m'a engagé à envisager cette grave question sous le point de vue scientifique, agricole et économique, afin de l'embrasser sous tous les points de vue.

Je diviserai mon travail en deux parties : la première traitera de la consommation annuelle, à Paris, depuis 1800, des diverses espèces de combustibles employées, des variations survenues dans les quantités consommées de chacune d'elles et dans leurs prix, des causes qui les ont produites et des effets qui en résulteront pour les forêts de l'intérieur ; la deuxième partie comprendra les questions de physique terrestre et d'économie agricole qui se rattachent au boisement et au déboisement.

PREMIÈRE PARTIE.

De la consommation, à Paris, depuis 1800, *des divers combustibles employés au chauffage, et des causes qui en ont fait varier les prix.*

L'examen des causes qui ont concouru à faire varier les quantités et, par suite, les prix des divers combustibles employés au chauffage dans l'intérieur de Paris est une question qui se rattache à des intérêts du premier ordre et, en particulier, à la conservation des forêts dans les départements qui approvisionnent Paris, ainsi qu'à l'existence d'une population nombreuse occupée à l'exploitation des bois dans les départements de l'Yonne, de la Nièvre et du Loiret, naguère en proie à des passions politiques.

Les éléments que je prendrai en considération sont 1° l'accroissement de population, 2° le développement de l'industrie, 3° les différences de température hivernale.

On ne peut arriver à des résultats rigoureusement comparables qu'en rapportant à une unité commune les quantités de combustibles différents consommées. Cette unité commune, qui donne immédiatement la quantité de chaleur produite, est le carbone pur.

Les combustibles que l'on brûle ordinairement à Paris sont

1° Le bois dur, qui comprend le Chêne, l'Orme, le Charme, le Hêtre et le Frêne;

2° Le bois blanc, comprenant le Bouleau, le Tremble, le Peuplier et les bois résineux;

3° Les cotrets de tous bois.

4° Le charbon de bois provenant du Chêne, du Charme et du Bouleau, et le charbon de Paris;

5° La houille ou charbon de terre, grasse ou sèche.

On connaît, en moyenne, la composition chimique de ces diverses espèces de combustibles, c'est-à-dire les proportions d'eau, de carbone et de matières hydrogénées qu'elles renferment. On connaît également les quantités de chaleur produites dans la combustion de poids déterminés de carbone et d'hydrogène, et l'on peut remplacer, dans les calculs, les quantités d'hydrogène par des équivalents de carbone produisant la même quantité de chaleur, afin de n'avoir plus à considérer, dans les différents combustibles, qu'une unité commune. On a donc ainsi un moyen très-simple de déterminer le pouvoir calorique d'un poids ou d'un volume donné de combustible, quand on connaît sa composition.

Les diverses espèces de bois n'ont pas précisément la même composition chimique ; mais les différences, comme on va le voir, ne sont pas assez considérables pour que l'on ne puisse pas les considérer comme étant les mêmes en moyenne.

M. Chevandier, qui a fait un travail intéressant sur la composition élémentaire des différents bois (mémoire lu à l'Académie des sciences le 22 janvier 1844), a trouvé pour la moyenne de diverses espèces sèches :

Composition du Chêne (les cendres déduites).

Carbone.	50,64
Hydrogène.	6,03
Oxygène.	42,05
Azote.	1,28
	100,00

Composition du Hêtre (les cendres déduites).

Carbone.	49,89
Hydrogène.	6,07
Oxygène.	43,11
Azote.	0,93
	100,00

Composition du Bouleau (les cendres déduites).

Carbone.	50,61
Hydrogène.	6,23
Oxygène..	42,04
Azote.	1,12
	100,00

Composition du Tremble (les cendres déduites).

Carbone.	50,31
Hydrogène.	6,32
Oxygène..	42,39
Azote.	0,98
	100,00

Composition des fagots de Chêne (les cendres déduites).

Carbone.	50,89
Hydrogène.	6,16
Oxygène..	41,94
Azote.	1,01
	100,00

Composition des fagots de Hêtre (les cendres déduites).

Carbone.	51,08
Hydrogène..	6,23
Oxygène..	41,61
Azote.	1,08
	100,00

Composition des fagots de Bouleau (les cendres déduites).

Carbone.	51,93
Hydrogène.	6,31
Oxygène..	40,69
Azote.	1,07
	100,00

Composition des fagots de Tremble (les cendres déduites).

Carbone.	51,02
Hydrogène.	6,28
Oxygène.	41,65
Azote.	1,05
	100,00

Les résultats qui précèdent montrent que le Chêne, le Hêtre, le Bouleau, etc., présentent peu de différence dans leur composition chimique. On peut donc, sans commettre d'erreur sensible, admettre qu'elle est la même (les cendres déduites bien entendues); on voit aussi que le bois en morceau ou en fagot a la même composition.

Avant d'entrer en matière, j'indiquerai la marche que j'ai suivie pour déterminer la quantité de carbone contenue dans un volume ou un poids déterminé de combustible, afin de mettre tout le monde à même de faire cette détermination.

1 kilogramme de bois sec, d'après ce que nous venons de voir, quelle que soit l'essence, doit produire, en brûlant, sensiblement la même quantité de chaleur. Cette quantité est représentée par 3700 degrés ou calories (*Traité de la chaleur de M. Péclet*, t. Ier, p. 50 et suivantes); c'est celle qui est nécessaire pour élever de 1 degré la température de 3700 kilogrammes d'eau.

Le bois livré à la consommation n'est pas sec; il renferme plus ou moins d'eau, et on en admet, en moyenne, de 20 à 25 pour 100, soit 25 pour 100. Le bois, dans cet état, ne donne plus, par kilogramme, 3700 calories, mais bien 2800 en nombre rond.

D'un autre côté, on a trouvé pour le pouvoir calorifique du carbone pur 8080, et pour celui de l'hydrogène 34400; mais, pour plus de simplicité, j'ai substitué à ces pouvoirs calorifiques, dans les combustibles, les poids de carbone pur capables, par leur combustion, de produire les mêmes quantités de chaleur. Cette transformation facilite beaucoup les évaluations pratiques. Il suffit, pour obtenir ce poids à l'égard d'un combustible quelconque, de diviser le nombre qui exprime son pouvoir calorifique en calories et que l'on trouve dans tous les traités de physique, par le nombre représentant, en moyenne, celui du carbone, c'est-à-dire par 8000, que j'ai adopté en nombre rond au lieu de 8080.

D'après cela, la quantité de carbone pur équivalent à 1 kilogramme de combustible sera,

pour le bois sec, $\frac{3700}{8000} = 0,46$;

pour le bois humide, $\frac{2800}{8000} = 0,35$.

Si l'on veut déterminer les quantités de carbone contenues dans un stère de bois, il faut partir des données suivantes :

Dans le chantier,

1 stère de bois dur pèse en moyenne.	400 kilog.
1 — blanc pèse en moyenne.	250
1 — transformé en cotrets pèse en moyenne..	350

Ces nombres varient nécessairement suivant les localités; mais j'ai pris ceux que l'on considère comme représentant les poids moyens des trois espèces de bois servant au chauffage à Paris. En multipliant ces nombres par 0,35, on a, en kilogrammes, les poids de carbone équivalent qui, par la combustion, donneraient autant de chaleur que 1 stère de bois dur, 1 stère de bois blanc et 1 stère de bois à fagots et à cotrets.

Voici les produits :

1 stère de bois dur équivaut, en carbone, à.	140k	ou 1q,40
1 stère de bois blanc à..	87	0q,87
1 stère de bois à fagots et cotrets à.	122	1q,22

Les nombres 1,40, 0,87 et 1,22 sont les coefficients par lesquels il faut multiplier des quantités données de stères pour avoir les quantités de quintaux métriques de carbone, qui produiraient, en brûlant, les mêmes quantités de chaleur.

J'ai admis, d'après M. Péclet, comme pouvoir calorifique du charbon de bois ordinaire (substances hydrogénées comprises), le chiffre **0,85** (1), et j'ai pris pour poids moyen du double hectolitre **48** kilogrammes; le nombre de kilogrammes de carbone pur équivalent est donc égal à **40^{k},80**, soit, pour le coefficient par rapport au quintal métrique, 0^{q},4.

Quant à la houille grasse, qui est celle que l'on consomme le plus à Paris, on peut la considérer comme composée, en moyenne, de **83** à **84** pour **100** de carbone, et de **4** à **4,5** pour **100** d'hydrogène en excès, c'est-à-dire ne concourant pas à la formation de l'eau (2). En employant les nombres **8000** et **34400** pour exprimer les pouvoirs calorifiques du carbone et de l'hydrogène, on obtient, pour l'expression de la puissance calorifique de la houille, **8000** au lieu de **7500**, qui est généralement adopté.

Pour avoir le poids du carbone pur qui, par sa combustion, donnerait la même quantité de chaleur que la houille, il faut diviser le nombre qui exprime la puissance calorifique de la houille en calories par la puissance calorifique du carbone pur. Or nous avons admis pour la houille **8000**, et pour le carbone un chiffre semblable; il s'ensuit que la combustion d'un poids déterminé de houille dégage autant de chaleur que celle d'un poids semblable de carbone pur. On a donc I pour coefficient exprimant la quantité de chaleur produite par la houille en brûlant et rapportée au carbone pur. Dans le tableau A, annexé à ce mémoire, se trouvent réunies toutes les données servant à la détermination des divers coefficients.

---

(1) Ouvrage cité, Péclet, page 74.
(2) Ouvrage cité, tome I, page 101.

De la population de Paris depuis le commencement du siècle.

La population de Paris est un élément important à considérer dans la question.

La statistique générale de la France donne, pour la population de Paris intra-muros, en **1801**, **547.756** habitants, et, en **1806**, **580.609**. On a conservé ce dernier chiffre jusqu'en **1817**; mais un recensement fait cette dernière année a donné **713.956** habitants, chiffre que l'on a conservé jusqu'à **1826**, où un nouveau recensement a eu lieu, et depuis cette époque on a recensé la population de cinq ans en cinq ans.

Voici les chiffres obtenus jusqu'au dernier recensement en **1851** :

1826.	**890,905**
1831.	**774,338**
1836.	**909,126**
1841.	**935,261**
1846.	**1,053,897**
1851.	**1,053,262**

en y comprenant (en **1851**) une garnison de **31,732** hommes.

On voit donc que depuis **1801** la population de Paris est presque doublée.

Dans l'intervalle de deux recensements, j'ai supposé que la population s'était accrue de la même quantité chaque année; cette loi était la plus simple que l'on pût adopter. De **1826** à **1831**, la population ayant été en décroissant, j'ai suivi la même loi, mais en sens inverse. On trouvera dans la seconde colonne du tableau B la population ainsi calculée depuis **1821** jusqu'en **1851**, c'est-à-dire pendant une période de trente ans. J'ai été forcé, dans mes calculs, de faire abstraction de la population flottante; mais, en reportant toute la consommation sur la population sédentaire, on arrive également à des résultats comparables.

Consommation de bois dur, de bois blanc, de fagots et cotrets depuis 1799 *jusqu'en* 1852.

La consommation de ces trois espèces de combustible a

éprouvé de grandes variations depuis le commencement du siècle, comme on peut le voir en jetant les yeux sur le tableau C, dans lequel se trouve indiqué, d'année en année, le nombre de stères payant un droit d'octroi à leur entrée dans Paris. Ces nombres donnent les quantités exactes de stères de bois entrés chaque année à Paris pour son approvisionnement et qui ont été, par conséquent, brûlés.

Si l'on veut avoir immédiatement une idée de la marche de la consommation du bois depuis 1800 jusqu'à l'époque actuelle, on peut consulter la figure I du tableau D. Cette figure représente le tracé graphique de la consommation du bois dur et du bois blanc. Le tracé a été fait comme il suit : on a pris sur l'axe des abscisses A B des distances égales représentant les années, et, pour ordonnées correspondantes, des longueurs proportionnelles au nombre de stères consommés pendant l'année; en réunissant par des lignes droites les extrémités des ordonnées, on a une série de lignes brisées, dont l'ensemble représente le mouvement de la consommation du bois de chauffage dans la capitale depuis cinquante ans.

On voit sur-le-champ, à l'inspection de la figure, que c'est sous l'ère consulaire, de 1801 à 1804, où la consommation a été la plus considérable; sous l'ère impériale elle a été fortement en baisse, avec des alternatives de hausse et de baisse; puis elle s'est relevée sous la restauration, toujours avec de semblables alternatives, pour redescendre depuis 1826 jusqu'en 1834; depuis 1834 jusqu'en 1837 il y a eu hausse, et enfin le mouvement de baisse est devenu de plus en plus considérable jusqu'à 1852, au point d'alarmer la propriété forestière.

On conçoit parfaitement que ces indications, étant indépendantes de l'accroissement de population, ne conduisent à rien de précis relativement à la consommation individuelle; je dirai plus loin comment j'ai fait entrer cet élément dans la question. Ces lignes indiquent, néanmoins, les quantités de bois entrées dans Paris pour la consommation et les variations qu'elles ont éprouvées.

Quant à la consommation des fagots et cotrets, le tracé graphique n'en a point été fait. Nous nous bornerons à dire, pour le moment, que depuis **1831**, époque où le droit a été perçu par stère, représentant un certain nombre de fagots, la quantité de stères a varié annuellement dans des limites peu étendues, si l'on excepte, toutefois, les années **1832** et **1837**, la première ayant donné un minimum, la seconde un maximum.

Du prix des bois suivant la température moyenne des mois de novembre, décembre, janvier, février et mars.

Les prix des bois, dans les chantiers de Paris, ne sont pas toujours en rapport avec les prix d'achat sur les ports; ils sont ordinairement le résultat d'un accord de tacite convention entre les marchands, et ne peuvent servir, par conséquent, dans ce cas-ci. Je donne néanmoins, dans le tableau E, les prix des diverses espèces de bois dans les chantiers de Paris depuis **1800** jusqu'à cette époque, tels qu'ils m'ont été fournis par M. Rousselin, agent général du commerce de bois à Paris.

J'ai pris pour base de ces appréciations les prix qui sont fixés par les marchands de bois de Paris, à la réception des bois arrivés par le flot de la rigole du Loing sur le port de Rogny (canal de Briare), prix qui servent de règle de conduite aux marchands de bois pour leurs acquisitions ultérieures. Ces prix n'ont pu m'être fournis que depuis **1821** jusqu'à **1852**.

La figure du tableau E donne le tracé graphique de ces prix; en regard, fig. 4, se trouve le tracé graphique des températures moyennes des cinq mois d'hiver pendant lesquels on consomme le plus de combustible, c'est-à-dire des mois de novembre, décembre, janvier, février et mars. J'ai suivi, pour tracer ces lignes, la même marche que pour établir celle qui exprime le mouvement de la consommation du bois; les années sont indiquées par des abscisses, les prix et la température moyenne par les ordonnées correspondantes. Afin de rendre la comparaison plus frappante, on a pris, pour les températures, les ordonnées négativement, et alors les inflexions des lignes peuvent se correspondre. En comparant ces deux lignes, on voit que les prix les plus élevés correspondent aux hivers les plus froids, sans que la diminution dans la consommation du bois ait exercé une influence sensible. Ainsi, dans les hivers les plus froids de **1830**, **1838** et **1845**, les prix du décastère se sont élevés à **140** fr., **125** et **130** francs, qui n'ont jamais été dépassés depuis. Pendant ces trois années, les consommations individuelles de tous combustibles, qui ne sont autres que les quotients des quantités de combustible consommées divisées par les chiffres de la population (tableau B, deuxième colonne), ont été :

pour	1830.	3q,432
—	1838.	3q,613
—	1845.	3q,786

Dans les hivers les plus doux, tels que l'hiver de **1822**, époque où le charbon de terre n'entrait pas encore sensiblement dans la consommation individuelle, et celui de **1834**, le prix du décastère n'était que de **90** francs et de **100** francs. L'hiver de **1846** fait exception ; succédant à un hiver très-rude, le prix n'a baissé que de **5** francs. Depuis **1845**, les hivers ayant été plus ou moins doux, la température n'a pu intervenir pour abaisser les prix ; je ferai remarquer que dans un hiver froid l'élévation du prix ne correspond pas toujours à une plus grande consommation, comme **1814** en est un exemple.

Les commotions politiques agissent également pour abaisser le prix du bois. Ainsi, dans l'hiver de **1830**, le prix du décastère était de **140** francs ; dans l'hiver de **1831**, qui a suivi la révolution, il est descendu à **100** francs. De même les événements de **1848** ont fait descendre le prix de **120** à **90** francs, et depuis il s'est maintenu fortement en baisse.

Indépendamment des causes puissantes qui ont influé sur le prix du bois, par suite de la diminution de ce combustible dans la consommation, on voit qu'il faut prendre en considération la rigueur des hivers et les événements politiques qui, en ébranlant le crédit public, causent une perturbation dans toutes les branches d'industrie.

De la consommation du bois par chaque individu.

Il ne suffit pas de présenter, chaque année, le total des quantités consommées des divers combustibles servant au chauffage de la population, il faut encore déterminer la quantité moyenne de chaleur représentée par une quantité donnée de carbone que consomme annuellement chaque individu, afin de connaître ce que l'on doit prendre au charbon de terre pour compléter ce qu'il manque de carbone à chaque individu pour sa consommation ordinaire.

Les données qui se trouvent dans le tableau C fournissent tous les documents nécessaires pour effectuer le calcul. On trouvera dans le tableau B toutes les déterminations que j'ai faites. Je rappellerai que, pour transformer tous les produits en quintaux métriques de carbone, il faut multiplier le nombre de stères de bois dur par **1,4**, celui de bois blanc par **0,88**, et le nombre de stères employés en fagots et cotrets par **1,2**. D'un autre côté, n'ayant besoin de faire les déterminations indiquées que de cinq ans en cinq ans, depuis **1821** jusqu'en **1851**, c'est-à-dire pour une période de trente ans, afin de ne pas multiplier les chiffres, j'ai commencé par prendre dans le tableau C, pour chacune des années **1821**, **1826**, **1831**, **1836**, **1841**, **1846** et **1851**, les moyennes des quantités de bois consommées, en y faisant concourir l'année précédente et l'année suivante ; c'est-à-dire que, par exemple, pour l'année **1821** j'ai pris, pour chaque espèce de bois, la moyenne des quantités brûlées en **1820**, **1821** et **1822**. J'ai divisé ensuite les moyennes par le chiffre de la population correspondante à l'année, afin d'avoir la quantité moyenne de carbone équivalente nécessaire pendant l'année à chaque individu, c'est-à-dire produisant la même quantité de chaleur que les substances combustibles contenues dans les bois et charbons consommés. Les colonnes **4**, **5**, **6** et **7** du tableau (**B**) renferment les résultats obtenus.

La colonne **4** montre qu'en **1821** la quantité de carbone provenant du bois dur et consommé par individu était de 1^q,70, tandis qu'en **1851** elle n'était plus que de **0,65**, et en **1852** de **0,63**. Ainsi, dans l'espace de trente-six ans, elle a été réduite au tiers.

La consommation du bois blanc, colonne 5, a subi la même diminution; en **1852** elle s'est néanmoins un peu relevée.

Dans la colonne 6, j'ai réuni la consommation individuelle en carbone de bois dur et de bois blanc, les chiffres qu'elle renferme devant servir dans nos appréciations.

La colonne 7 donne la consommation individuelle en carbone des fagots et cotrets: jusqu'en **1846**, cette consommation a été sensiblement la même, ce qui se conçoit, puisque c'est le chauffage des classes peu aisées; mais, depuis **1846**, époque où ces mêmes classes ont commencé à employer la houille, la diminution est devenue sensible. La diminution a été très-notable, surtout en **1852**.

Dans la colonne **8** se trouvent réunis les chiffres de la consommation individuelle de carbone provenant du bois dur, du bois blanc, des fagots et cotrets. Ces chiffres indiquent très-exactement la diminution survenue dans la consommation individuelle de carbone provenant de ces trois espèces de bois servant au chauffage. On voit, dans cette colonne, qu'en **1821**, époque où la houille n'entrait pas encore sensiblement dans les usages domestiques, la consommation annuelle de carbone par individu était de. . . **2^q,16**

En 1826, la consommation individuelle était. **1^q,54**
— 1831. . . . . **1^q,70**
— 1836. . . . . **1^q,58**
— 1841. . . . . **1^q,47**
— 1846. . . . . **1^q,13**
— 1851. . . . . **0^q,89**
— 1852. . . . . **0^q,85**

On voit donc que la quantité de bois consommée par individu a été en diminuant d'année en année, et qu'elle n'est plus aujourd'hui que les deux cinquièmes de ce qu'elle était en **1821**.

De la consommation du charbon de bois par individu.

Le tableau C donne la quantité de charbon de bois consommée depuis 1799 jusqu'en 1852 inclusivement; le tableau B, neuvième colonne, présente la consommation individuelle de ce même combustible, de cinq ans en cinq ans, à partir de 1821, exprimée en quintaux de carbone. On voit sur-le-champ que cette consommation n'a pas varié, c'est-à-dire qu'elle est aujourd'hui ce qu'elle était il y a trente ans, et j'ajouterai même depuis cinquante ans, si l'on prend les moyennes pour 1801 et 1808. D'après cela, la quantité de charbon de bois introduite dans Paris, chaque année, a donc augmenté proportionnellement à la population, comme les tracés graphiques, du reste, l'indiquent; cela résulte de ce que le charbon de bois n'a pas encore été remplacé sensiblement, dans les usages domestiques, par la houille ; aussi son prix a-t-il éprouvé peu de variations.

De la consommation de houille.

Cette consommation dans les usages domestiques et dans l'industrie s'est considérablement accrue depuis 1816, époque où elle n'était que de 673,000 hectolitres, jusqu'en 1852, où elle s'est élevée à 3,808,420 hectolitres, comme on peut le voir dans les tableaux B et C, qui renferment les chiffres de la consommation annuelle.

La fig. 4 du tableau D représente le tracé graphique de la consommation de la houille depuis 1816 jusqu'en 1852; en faisant passer une ligne par les points correspondant à la consommation moyenne, on a une courbe qui tourne sa convexité vers l'axe des abscisses et dont l'allure est régulière. Cette courbe a pour équation $y = 716{,}116 + 600\ x^{2{,}52}$.

Si l'on trace près de la fig. 4 la courbe représentée par cette équation, on voit que les deux lignes se suivent et qu'elles ont six points de communs.

Ces deux lignes montrent l'influence des événements de

1830 et de 1848 sur la consommation de la houille, influence qui n'a produit que des temps d'arrêt momentanés sur son développement régulier. Les choses qui tiennent aux institutions humaines peuvent donc être soumises à des lois mathématiques que dérangent de temps à autre les troubles politiques, les passions ou les intérêts privés, mais qui reprennent leur cours quand disparaissent les causes perturbatrices que l'on peut assimiler au frottement dans les machines.

En admettant que les ordonnées augmentent annuellement comme dans les quarante dernières années, il s'ensuivrait que vers 1880 la houille serait substituée en totalité au bois de chauffage; mais il est probable qu'il y aura un temps d'arrêt, car il n'est pas dans les probabilités que le bois soit exclu à tout jamais du chauffage à Paris, à cause des avantages qu'il procure.

En 1821, la consommation individuelle n'était que de $0^{q},75$ de carbone provenant de la houille. Cette quantité ne servait pas au chauffage habituel, ou du moins, si elle y servait, ce n'était que dans une très-faible proportion; elle était employée, suivant toutes les probabilités, dans le petit nombre d'usines qui existaient alors à Paris.

Aujourd'hui la quantité répartie par individu s'élève à $2^{q},90$; soit, pour une population de 1,053,262 habitants, 3,808,420 hectolitres.

Détermination de la quantité de houille employée dans la consommation individuelle.

En 1821, époque où la houille n'entrait pas notablement dans la consommation, il fallait $2^{q},16$ de carbone provenant de tous combustibles (tableau B, colonne 8) pour la consommation individuelle; ce chiffre, que l'on peut considérer comme représentant celui de la consommation normale individuelle de carbone sous le rapport de la quantité de chaleur produite, bien entendu, ayant été sans cesse en diminuant, à raison de la substitution graduelle de la houille ou bois, il faut faire, chaque année, un emprunt à la houille pour compléter 2q,16. Les colonnes **11** et **12** donnent les chiffres de la diminution de carbone dans la consommation individuelle du bois d'après cette supposition, et l'accroissement survenu dans celle de carbone à prendre sur la houille.

Dans la colonne **15**, se trouve le nombre d'hectolitres de houille qui s'ajoutent, chaque année, au bois pour le chauffage. En **1836**, il s'élevait déjà à **685,996** hectolitres; en **1831**, il est redescendu à **44,372** hectolitres, puis il a monté rapidement, en **1852**, jusqu'à **1,724,716** hectolitres. Tel est le nombre d'hectolitres de houille qui entrent aujourd'hui dans la consommation individuelle et qui ont été substitués au bois.

Dans la colonne **16**, on a mis les nombres d'hectolitres de houille employés dans l'industrie, et qui sont les différences entre les nombres d'hectolitres entrés dans Paris et ceux qui ont été calculés comme employés dans le chauffage, on trouve alors les chiffres suivants :

En 1821.	563,863
— 1826.	260,004
— 1831.	446,618
— 1836.	605,428
— 1841.	1,020,565
— 1846.	967,636
— 1851.	1,961,174
— 1852.	2,083,704

On voit, par là, que, depuis **1851**, la consommation de la houille s'est accrue considérablement dans la consommation individuelle et dans l'industrie, et de manière à porter le plus grand préjudice à la propriété forestière, comme on le verra plus loin.

Toutes les déterminations précédentes ne sauraient être considérées comme hypothétiques; elles reposent sur des bases exactes, sur des données numériques fournies par l'autorité et qui pourront servir de guide dans des questions qui intéressent le gouvernement, le commerce et l'agriculture. J'ai été obligé de faire abstraction, dans mes supputations, des perfectionnements apportés aux modes de chauffage en usage, et dont il était impossible de tenir compte.

Conséquences à déduire des résultats précédents.

On voit, d'une part, la consommation individuelle du bois dur et du bois blanc diminuer continuellement depuis **1821**, tandis que la diminution de celle de fagots et cotrets n'a été sensible que depuis **1846**, époque où la classe pauvre a commencé à faire usage de la houille. Cette habitude est si bien établie aujourd'hui, que la consommation a baissé, en sept années, de 0^q,19 de carbone à 0^q,14 et 0^q,083. L'emploi des fagots et cotrets ne disparaîtra pas; mais il n'interviendra dans l'avenir que pour une faible proportion dans la consommation individuelle.

Quant au charbon de bois, la consommation individuelle n'ayant pas changé depuis cinquante ans, la quantité augmente proportionnellement à la population, comme les relevés des octrois, du reste, l'indiquent, et continuera à augmenter tant que l'on ne substituera pas la houille au charbon de bois dans les usages domestiques.

La conséquence à déduire de là est des plus fâcheuses pour l'avenir de nos forêts : les bois durs et les bois blancs entrant de moins en moins dans la consommation de Paris, tandis que les charbons de bois s'y maintiennent, les propriétaires auront plus d'avantage à couper leurs bois à dix ou douze ans, afin d'obtenir une plus grande quantité de charbon et peu ou point de bois de chauffage; l'écorce sera, à la vérité, moins abondante, mais plus recherchée à cause de sa qualité. Ce mode d'exploitation, qui commence déjà à s'établir dans les bois qui servent au chauffage de la capitale, sera évidemment la ruine des forêts : destruction des réserves, altération plus fréquente des souches, qui sont toujours endommagées à chaque coupe, disparition des brindilles de bois mort qui, en se décomposant, fournissent au sol l'humus dont les bois ont besoin pour leur végétation. D'un autre côté, les propriétaires qui ne se contenteront pas d'un produit médiocre en charbon ou écorce défricheront, par tous les moyens possibles, pour cultiver la terre, qui leur donnera alors un revenu plus avantageux qu'en bois. Cette tendance au défrichement existe déjà depuis quelques années, et, sans l'entrave qu'y met encore la loi, il est probable que rien ne l'aurait limitée.

Il résulte encore des faits exposés (voir tableau A annexé au mémoire) qu'à Paris le prix du chauffage à la houille étant. 1

Celui du chauffage au coke est. 1,8

Celui du chauffage au bois. 3

Celui du chauffage au charbon de bois. 4

Quant à la répartition des droits d'octroi d'après la quantité de chaleur produite, il faudrait qu'elle fût établie comme il suit :

Aujourd'hui les droits sont :

Combustible.	Mesure.	Taxe (décime non comp.).	
Bois dur (neuf ou flotté). . . .	le stère.	2 fr.	65 c.
Bois blanc (neuf ou flotté). .	*id.*	1	95
Menuise et fagots.	*id.*	1	00
Charbon de bois.	l'hectolitre..	0	50
Poussier.	*id.*	0	25
Charbon de terre et tourbe carbonisée.	*id.*	0	30

En établissant la taxe proportionnellement à la puissance calorifique, et prenant pour unité 0 fr. 30 c., la taxe de la houille pour l'hectolitre, on aurait la répartition suivante :

Combustible.	Mesure.	Taxe (décime non compris).		Nombres proportionnels, la taxe de la houille étant 1.
Bois dur.	le stère.	0 fr.	53 c.	1,75
Bois blanc.	*id.*	0	33	1,10
Fagots et autres. .	*id.*	0	45	1,5
Charbon de bois. .	l'hectol.	0	08	0,25
Charbon de terre.	*id.*	0	30	1,00

DEUXIÈME PARTIE.

De la propriété forestière considérée sous le point de vue économique et climatologique.

Les résultats consignés dans la première partie de ce mémoire conduisent naturellement à la discussion de plusieurs questions fondamentales relatives à la propriété forestière.

De la propriété forestière considérée sous le point de vue de droit commun et de la faculté de défricher.

La propriété forestière doit-elle jouir de la même liberté que la propriété agricole; en d'autres termes, peut-on disposer du fonds de l'une, comme on le fait du fonds de l'autre? Les opinions sont partagées à cet égard, depuis longtemps, parmi les publicistes. Les gouvernements ont toujours mis la propriété forestière sous un régime exceptionnel, par la raison qu'au boisement d'une contrée se rattachent une foule de questions d'intérêt général concernant l'état climatérique, l'aménagement des eaux, l'agriculture et les besoins publics, etc., questions qui, suivant moi, ne permettent pas de mettre l'une et l'autre sur la même ligne aux yeux de la loi.

On dit avec raison que les terres boisées ne jouissent pas des mêmes avantages que les terres cultivées. Elles ne peuvent effectivement, comme ces dernières, s'affermer ni se diviser; elles donnent des produits plus pesants et moins transportables au loin; elles sont grevées de plus de charges. La loi devrait donc intervenir pour placer ces deux espèces de produits sous un régime fiscal tel, que les fonds de terre et les fonds de bois fussent mis sur la même ligne; en ne le faisant pas, elle place la propriété forestière sous un régime qui ne tend rien moins qu'à porter irrésistiblement les particuliers au défrichement, afin de faire rapporter au fond de terre boisé le même revenu qu'au fond de terre cultivé.

Si l'on veut interdire aux particuliers la faculté de défricher ou de dénaturer leurs bois en les abandonnant au libre parcours, il faut donc leur accorder des avantages qui fassent disparaître l'inégalité dans les revenus. Ces avantages sont des droits d'octroi ou autres qui ne frappent pas trop inégalement les divers combustibles, au point de donner une préférence marquée à l'un d'eux. Voilà ce que la raison et la justice réclament.

Je suppose que le pouvoir ait fait droit à cette juste réclamation, doit-il permettre le défrichement sans réserve? Je ne le pense pas. Voici mes raisons :

Dans beaucoup de cas, lorsqu'il s'agit de masses boisées peu étendues, situées à la proximité des centres de population et sur de bons sols, et là où les bras et les engrais abondent, le défrichement est d'intérêt public, puisque la terre rapporte toujours beaucoup plus par la culture arable qu'en la laissant en bois : le gouvernement ne saurait alors s'y opposer. Si les masses de bois sont considérables, il peut accorder le défrichement, pourvu qu'il encourage, d'un autre côté, le reboisement; car il ne doit pas cesser de veiller à la propriété forestière.

La conservation des forêts est, en réalité, une question d'avenir qui a pour but non-seulement de pourvoir les siècles futurs de bois de construction et de chauffage, mais encore d'écorce pour la tannerie (et il en faut une quantité considérable) de merrain et de cercles pour la tonnellerie, de bois pour la menuiserie, la saboterie, boissellerie, etc., etc. Cette conservation lutte, à la vérité, sans cesse contre l'accroissement de population, qui est une cause irrésistible de destruction des bois, et sur laquelle la législation ne peut rien quand la population est dans l'impossibilité de s'étendre; mais il n'en est pas ainsi lorsqu'il se trouve dans un pays, comme en France, d'immenses étendues de landes qui peuvent être rendues, en partie, à la culture, telles que celles de la Sologne, du Poitou, de la Bretagne, de la Gironde, etc., etc. Ces terres, à la vérité, sont de qualité inférieure, mais elles deviennent productives après avoir été desséchées, assainies et amendées; les populations peuvent alors s'y établir. C'est le spectacle que nous offre aujourd'hui la Campine belge, dont la transformation s'opère comme par enchantement.

Si l'on défriche aujourd'hui les bois, on n'y sera donc pas conduit parce que la population a besoin de s'étendre, mais bien par la nécessité où l'on sera réduit de faire produire à la terre un revenu plus considérable que celui que l'on retire lorsqu'elle est couverte de futaies ou de taillis. Voilà, je le répète, où conduira l'avilissement du prix des bois tant qu'il n'aura pas cessé.

Je suppose que l'on ait fait droit aux justes réclamations des propriétaires forestiers, devra-t-on leur laisser ensuite la faculté de disposer de leurs fonds de bois comme bon leur semble? Je ne le crois pas. Cette question a été discutée à plusieurs reprises dans le sein des dernières assemblées législatives, et notamment en 1851, où une commission fut nommée à l'effet d'examiner s'il y avait lieu de reviser le code forestier en ce qui concerne les dispositions transitoires de ce code relatives au défrichement. M. Beugnot, rapporteur de la commission, fit un rapport remarquable sur la discussion qui avait eu lieu. L'assemblée, ne voulant pas se prononcer définitivement sur la question, se borna à suspendre le défrichement sans contrôle jusqu'au mois de septembre 1853. Le gouvernement va donc être appelé à se prononcer de nouveau.

Le gouvernement n'a que deux partis à prendre, de donner satisfaction aux propriétaires de bois en faisant diminuer les droits d'octroi, ou de leur accorder la permission de défricher dans certaines limites.

Voyons d'abord quels ont été, à diverses époques, les effets résultant d'une liberté illimitée de défrichement accordée aux particuliers, et rappelons les mesures législatives prises par nos anciens rois pour en arrêter le mal.

Sous Charlemagne, les défrichements avaient pris une telle extension, que ce roi législateur crut devoir y mettre un frein, comme on le voit dans ses Capitulaires: il prit, en conséquence, des mesures qui arrêtèrent momentanément le mal.

L'ordonnance de Charles V, en 1376, renouvelée en 1402 par Charles VII et en 1515 par François Ier, applicable seulement aux forêts royales, tendait au même but. Une autre ordonnance de 1518 permettait aux prélats, seigneurs, nobles et vassaux d'user des dispositions de celle de 1515.

Henri II en 1554, François II en 1559, Charles IX en 1563, Henri IV en 1597, réglementèrent également les forêts.

Sous Louis XIV, la dévastation et le défrichement des forêts avaient pris une telle extension, qu'il y eut une panique générale partagée par Vauban et Colbert; on crut, un instant, qu'on allait manquer de bois pour le chauffage et les besoins de la marine. Cette panique nous valut la fameuse ordonnance de 1669, dont le préambule témoigne suffisamment de l'état déplorable dans lequel se trouvaient alors les forêts. Voici les premiers paragraphes de ce préambule :

« Quoique le désordre qui s'était glissé dans les eaux et forêts
« de notre royaume fût si universel et si invétéré que le
« remède en paraissait presque impossible, néanmoins le
« ciel a tellement favorisé l'application de huit années que
« nous avons données au rétablissement de cette noble et
« précieuse partie de notre domaine, que nous la voyons au-
« jourd'hui en état de refleurir plus que jamais, et de pro-
« duire avec abondance au public tous les avantages que l'on
« peut espérer, etc., etc., etc. »

Cette ordonnance, comme l'observe aussi M. Beugnot dans son rapport, n'interdisait pas positivement aux particuliers la faculté de défricher leurs bois; mais la prohibition résultait des dispositions qui les obligeaient à un aménagement et à la conservation de réserves. Des ordonnances consacrèrent, plus tard, le principe de l'interdiction de défricher, ordonnances qui ont été abrogées, puis reprises en partie, en ce qui concerne particulièrement la faculté de défricher. Sous Louis XV, bien des causes qu'il est inutile d'énumérer ici portèrent à un défrichement souvent immodéré.

En 1770, les ministres, dans un compte rendu au roi, prouvèrent que l'on avait défriché, le Languedoc excepté, 359,282 arpents. En 1789, les défrichements n'avaient plus de frein ; aussi trouve-t-on dans les cahiers dits *des doléances*. remis aux états généraux par les bailliages des provinces du Midi, des plaintes sur la disette et la cherté des bois et les abus du défrichement ; on y demandait des mesures répressives pour prévenir ces abus et punir les délits. L'assemblée constituante n'apporta qu'un palliatif momentané au mal, et le règne de la convention mit le comble aux déprédations.

Sous le consulat, Napoléon prit des mesures conservatrices, et, par son décret du 16 nivôse an IX, sépara la partie administrative des eaux et forêts de la régie de l'enregistrement, afin de ne pas laisser les forêts à la libre disposition du ministre des finances, qui en usait suivant les besoins du moment. Enfin les dernières assemblées législatives, dans leur sagesse, ont cru devoir suspendre encore la liberté illimitée de défricher les bois ; l'époque arrive où la mesure suspensive va cesser d'exister.

On a avancé que l'on avait exagéré les effets des dilapidations commises dans les forêts, ainsi que les effets du déboisement, pendant les treize premières années à partir de 1789 ; voyons sur quelles bases on s'appuie pour soutenir cette opinion.

M. Beugnot, dans le rapport cité, dit que l'on n'avait pas, à cette époque, un chiffre exact de la superficie forestière, attendu, d'une part, que le comité des domaines de l'assemblée constituante évaluait la superficie forestière à . . . . 7,550,325 hectares ;

de l'autre, que l'administration forestière actuelle pense qu'elle ne s'élevait pas, en 1791, à plus de 9,589,869

or, en 1850, elle n'était plus que de. 8,860,133

Différence en moins. . . . 729,736 hectares.

Or les repeuplements des vides, ajoute M. Beugnot, s'étant

élevés, de 1827 à 1844, à 64,178 hectares, ce qui donne, en moyenne, par an, 3,775 hectares, si l'on suppose que ce chiffre puisse être adopté pour les années antérieures, on en tire la conséquence qu'il faudrait porter à 200,000 hectares au moins la contenance totale des vides repeuplés depuis 1791. Je doute que l'on puisse admettre cette conséquence, car, dans les dix premières années de nos troubles civils, on était plus occupé à détruire qu'à replanter.

L'administration forestière admet encore, dit le rapport, que les produits de ces 200,000 hectares plantés en bonne essence étant supérieurs à ceux que donnaient les 500,000 hectares de terrains déboisés, qui ne contenaient, en général, que des broussailles, il s'ensuivrait qu'en tenant compte des améliorations introduites dans l'exploitation des forêts de l'État, des communes et des établissements publics, la production des bois a plutôt augmenté que diminué en France. C'est là une opinion exprimée en termes généraux qui aurait besoin d'être appuyée de faits circonstanciés pour être adoptée. On ne saurait nier que de grandes améliorations n'aient été introduites dans l'aménagement et l'exploitation des bois de l'État, des communes et des établissements publics, et que de nombreuses plantations faites dans les clairières n'aient augmenté la richesse forestière; mais les chiffres sur lesquels reposent les calculs précédents sont-ils exacts? Il est permis d'en douter quand on voit, d'une part, le comité de l'assemblée constituante en 1791, qui évidemment était mal renseigné, évaluer l'étendue du sol forestier, à cette époque, à 7,550,325 hectares, et, de l'autre, l'administration forestière déclarer, soixante ans après, alors que de grands défrichements avaient eu lieu, que cette étendue, suivant elle, devait s'élever à 9,589,869 hectares.

Sur quelles bases repose cette supputation présumée de l'administration? Il serait bon de les connaître, afin d'en discuter la valeur. Il est permis de douter de leur exactitude quand on voit M. Dralet, conservateur des eaux et forêts à Toulouse pendant la première année du consulat, et l'un des forestiers les plus distingués de l'époque, s'exprimer ainsi dans son *Traité des arbres résineux*, page 93 et suivantes :

« Les droits d'usage étaient devenus si désastreux, qu'il « n'était pas rare de voir des propriétaires renoncer à la pos- « session des fonds qui en étaient grevés pour ne pas en sup- « porter les charges. C'est ainsi qu'avant la révolution le « monastère de Saint-Paul avait été abandonné aux usagers; « les forêts de Bouche-Rouge, de Boussemel et de Barba- « gne (Pyrénées - Orientales), ainsi que quinze forêts do- « maniales de l'Aude ont disparu des sommiers de l'admi- « nistration et ne sont plus que des terrains vagues. C'est « ainsi, ajoute M. Dralet, que cent trente-quatre forêts, « contenant ensemble 52,795 hectares, étaient, depuis plus « d'un demi-siècle, laissées à la libre disposition des com- « munes du Comminge (Haute-Garonne), du Couserans, du « comté de Foix (Ariége) et de la Montagne-Noire (Tarn), « sans que l'on s'occupât de revendiquer, en faveur de l'État, « des propriétés qu'il avait autrefois possédées en vertu de « titres les plus authentiques. »

Tel était l'état des choses au commencement de la révolution, et que M. Dralet devait parfaitement connaître, à raison de sa position élevée dans l'administration des eaux et forêts, état qui montre combien était grand alors le désordre dans cette administration, puisqu'elle laissait envahir, sans les revendiquer, les fonds d'un grand nombre de forêts qui avaient été détruites par les usagers, et c'est dans ce dédale inextricable, dans lequel le comité de l'assemblée constituante n'a vu que des ténèbres, que l'administration actuelle, soixante ans après, croit pouvoir poser le chiffre de la situation forestière en 1791. Jusqu'à preuve du contraire, je douterai de son exactitude, et je croirai que les défrichements ont été plus considérables qu'on ne l'a avancé.

Il n'en est pas moins démontré que, toutes les fois qu'on a laissé aux particuliers la liberté d'user de leurs bois comme bon leur semblait, il en est résulté les plus grands abus, qui ont mis l'État, à toutes les époques, dans la nécessité d'intervenir pour y mettre un terme. Dans mon opinion, on ne peut admettre que la propriété boisée et la propriété cultivée doivent être mises sur le même pied vis-à-vis de la loi. Si un homme brûle sa maison ou détruit sa récolte, au bout d'un an le mal peut être réparé, et la société n'en souffre pas longtemps; tandis que, s'il défriche une forêt, il faut au moins trente ans pour réparer le mal qui en résulte, et dont la société peut avoir à souffrir dans un avenir plus ou moins éloigné.

De l'influence que les forêts peuvent exercer sur les climats.

On a avancé que les forêts étaient nécessaires, parce qu'elles exerçaient une influence salutaire sur les phénomènes atmosphériques. Cette assertion a été l'objet d'une controverse, dans le sein de la chambre des députés, entre deux savants éminents qui ont exprimé à cet égard des opinions diamétralement opposées, probablement parce qu'ils ne s'étaient pas placés l'un et l'autre au même point de vue. En effet, un défrichement peut être nuisible dans un pays et salutaire dans un autre, suivant la position géographique du lieu, la nature du sol, les phénomènes météoriques ordinaires, etc. Pour juger la question, il faut donc l'envisager dans son ensemble. M. Beugnot lui-même a nié l'influence climatérique que pouvait avoir la présence de grandes masses de bois autant qu'il est permis de le croire, d'après le passage suivant extrait de son rapport.

« La Manche, la Loire-Inférieure, le Pas-de-Calais, le Calvados, le Nord, la Somme, le Maine-et-Loire sont au nombre des départements les moins boisés. Le climat est-il moins salubre que celui des Landes, de la Gironde, du Loiret, du Cher et de Loir-et-Cher, qui sont au nombre des plus boisés. »

On arrive, ajoute l'honorable rapporteur, à une même conclusion, en comparant ensemble divers pays d'Europe; par conséquent, le défrichement des bois n'est aucunement nuisible à la salubrité du pays.

L'insalubrité peut être partielle dans un département sans que l'on soit en droit d'en conclure, pour cela, que le département en totalité soit insalubre. Les départements du Loiret, du Cher et de Loir-et-Cher où se trouve la Sologne, en sont des exemples.

On ne se fait pas dans le monde une idée exacte de l'influence exercée par les forêts sur les climats et la santé publique; chacun l'explique suivant des idées préconçues ou les impressions d'autrui. Les opinions sont donc très-partagées à cet égard. Cette question, à la vérité, présente des difficultés; mais sa solution n'est pas, toutefois, au-dessus des efforts de la science. Pour arriver à cette solution, il faut réunir les faits épars que nos annales scientifiques ont enregistrés, les grouper à côté les uns des autres, afin d'en déduire, s'il était possible, sinon des lois, du moins des principes capables de nous guider dans la route que nous allons essayer de parcourir.

Définissons d'abord un climat, afin de bien nous entendre sur les éléments qui le composent : le climat d'un pays est la réunion des phénomènes calorifiques, lumineux et aqueux, aériens et électriques qui impriment à ce pays un caractère météorologique défini, différent de celui d'un autre pays placé sous la même latitude et dans les mêmes conditions géologiques. La chaleur est l'élément qui exerce le plus d'influence ; viennent ensuite la quantité d'eau tombée dans les diverses saisons de l'année, l'humidité ou la sécheresse de l'air, les vents, etc. D'après cela, un climat peut être chaud, froid, sec, humide, orageux, etc., suivant l'élément dominant. Cela posé, examinons quelle est la nature de l'influence exercée par les forêts sur les climats en général, et posons d'abord des principes dont nous discuterons plus loin la valeur.

Les forêts servent d'abris contre les vents chauds ou froids, secs ou humides; elles exercent une influence sur la quantité d'eau vive qui coule dans une contrée, concourent à la conservation des montagnes en s'opposant à leur dégradation, réagissent sur la température moyenne et, dans certains cas, sur la santé publique.

Les observations déjà anciennes de Jefferson dans la Virginie et la Pensylvanie, ainsi que celles de M. Hardy, directeur de la pépinière centrale d'Alger, montrent bien que les forêts agissent quelquefois comme abris contre tel ou tel vent favorable ou nuisible à la végétation. On peut s'en faire une idée, quand on voit dans la vallée du Rhône, où souffle fréquemment le mistral, une simple haie de 2 mètres de hauteur préserver la culture à une distance de 22 mètres.

Les forêts n'agissent pas, toutefois, comme abris d'une manière absolue; les effets qu'elles produisent dépendent de la hauteur à laquelle souffle le vent. Si cette hauteur n'atteint pas celle de la forêt, le vent est arrêté à chaque instant par les arbres, perd de sa vitesse, et si la forêt a une épaisseur suffisante, quand il est parvenu à sa limite, il a cessé tout à fait. Dans le cas où il souffle à une hauteur supérieure à celle des arbres de la forêt, celle-ci n'a d'action, et elle ne saurait en avoir, que sur le courant d'air inférieur; au delà de la forêt, la masse d'air supérieure qui n'a rencontré aucun obstacle, continue sa course avec la même vitesse. L'action d'une forêt comme abri est donc limitée.

Les forêts protégent et alimentent les sources et les rivières, s'opposent à la formation ou contribuent à l'épuisement des torrents, soutiennent et affermissent le sol des montagnes; ce sont là des faits incontestables sur lesquels les physiciens sont aujourd'hui d'accord.

Les observations de MM. de Humboldt et Boussingault, dans la vallée d'Aragua, province de Venezuela, sur les eaux du lac Tacarigua, qui avaient éprouvé un retrait considérable par l'effet du déboisement, puis une hausse très-sensible par le reboisement pendant la guerre de l'indépendance qui, ayant dispersé la population, avait laissé les terres sans culture; celles de M. Boussingault sur les eaux des lacs des plateaux de la nouvelle Grenade, et, plus anciennement encore, les observations de M. de Saussure en Suisse, sur le retrait des eaux de plusieurs lacs, à la suite de grands déboisements, ne laissent aucun doute sur les effets résultant du déboisement pour diminuer ou tarir la quantité d'eau vive qui coule dans une contrée.

Les observations intéressantes de M. Boussingault n'ont pas encore permis de décider si cette diminution devait être attribuée à une moindre quantité annuelle de pluie ou à une plus grande évaporation des eaux pluviales, à ces deux causes réunies, ou bien à une nouvelle répartition des eaux pluviales. Nous ajouterons, toutefois, que les observations faites dans les régions tropicales font présumer que les grands défrichements diminuent la quantité de pluie qui tombe annuellement; que, dans les contrées qui n'ont éprouvé aucun changement dans la culture, la quantité d'eau vive ne paraît pas avoir changé, et que la culture établie dans un pays aride et non couvert de forêts dissipe une partie des eaux courantes; nous nous bornons à rapporter les effets généraux produits sans chercher à les expliquer.

Les observations précédentes sont, du reste, corroborées par les plaintes nombreuses consignées dans les statistiques des départements publiées, en 1804, par ordre de l'empereur, et qui sont unanimes pour signaler le tarissement des sources dans un grand nombre de localités, à la suite des déboisements immodérés opérés dans le cours de la première révolution.

On a invoqué l'exemple de l'Angleterre comme une preuve qu'une contrée pouvait être presque entièrement déboisée sans que le régime des eaux fût changé; mais on n'a pas réfléchi que ce pays possède un climat marin qui est essentiellement humide, à raison des vents d'ouest qui y règnent presque constamment et de la mer qui l'environne de toutes parts. Le déboisement n'a donc dû exercer qu'une faible influence sur l'état hygrométrique de l'atmosphère, et par suite sur l'économie des eaux vives; aussi son climat est-il à peu près le même aujourd'hui qu'il était du temps de César.

L'Angleterre peut donc être citée, avec raison, comme un

exemple extraordinaire de déboisement, sans que le régime de ses eaux ait changé ; mais il n'en serait pas de même pour tout autre pays situé dans d'autres conditions climatériques. Sans ses immenses dépôts de houille, qui lui ont permis de porter si haut son industrie, elle n'aurait pas pu, vu son dénûment de bois, devenir une puissance prépondérante en Europe et dans le monde entier.

L'influence des forêts, en pays de montagnes, est incontestable pour la conservation des pentes. Dans les Alpes, par exemple, aussitôt que des revers sont déboisés, ils sont envahis par des torrents; c'est là un fait général dont le département des Hautes-Alpes présente de nombreux exemples. Mais, lorsqu'il arrive que, sur des versants couverts de détritus de roches, la végétation se développe avec vigueur, les racines s'enlacent avec force en formant un réseau, et on ne tarde pas à voir des forêts épaisses de Sapins et de Mélèzes garnir les flancs de la montagne. On voit donc que la présence d'une forêt sur un sol fortement incliné s'oppose à la formation des torrents, tandis que le déboisement livre le sol à leurs effets destructeurs. Lorsque les pentes sont dénudées, les eaux pluviales glissent sur le sol et vont grossir les torrents et les rivières, en produisant des inondations.

L'influence calorifique exercée par les forêts se manifeste de plusieurs manières : 1° elles abritent le sol contre le rayonnement solaire, et y maintiennent une plus grande humidité; 2° elles agissent comme causes frigorifiques, en produisant une transpiration aqueuse par les feuilles et en multipliant, par l'expansion des branches, les surfaces, qui se refroidissent par l'effet du rayonnement nocturne; car des expériences positives démontrent qu'une prairie ou un champ couvert d'herbes ou de végétaux feuillus se refroidit, toutes choses égales d'ailleurs, sous le rayonnement nocturne de 5, 6, 7 et même 8 degrés au-dessous de la température d'un sol dénudé. On ne saurait nier ces différents effets qui doivent être pris en considération dans les déboisements.

Les forêts agissent-elles sur la température moyenne de

manière à ce que les effets puissent toujours être constatés? Il est plus difficile de répondre à cette question qu'aux précédentes; essayons, cependant, de le faire.

Sans remonter aux observations, déjà anciennes, de Jefferson dans la Virginie et la Pensylvanie, qui n'ont pas le degré de précision voulu pour qu'on puisse en rien conclure, nous nous arrêterons à celles de M. Boussingault, sur l'exactitude desquelles on ne saurait élever aucun doute, et qu'il a discutées avec cette précision et cette finesse, dans les aperçus, que les physiciens lui reconnaissent.

M. Boussingault, en se livrant, sous les tropiques et à diverses hauteurs, à une série d'observations relatives à l'influence du déboisement sur la température moyenne, a voulu connaître les effets produits, quelles que fussent les causes perturbatrices qui les modifient sous les latitudes moyennes et les hautes latitudes, particulièrement les vents dominants qui y élèvent ou abaissent la température. Sous les tropiques, les phénomènes météoriques s'y produisent avec une telle régularité, que les variations diverses de la colonne barométrique permettent, à défaut d'horloge, de connaître les heures. Les résultats obtenus dans les régions équinoxiales doivent donc être considérés comme des résultats normaux exprimant exactement les effets du déboisement, quand aucune cause perturbatrice ne vient les modifier ou les masquer entièrement. Ces effets peuvent être ainsi résumés : sous les tropiques, en Amérique, à des hauteurs où l'on trouve les températures moyennes des climats des hautes latitudes, les températures moyennes sont plus élevées, toutes choses égales d'ailleurs, dans les lieux où le sol est sec et dénudé que dans les lieux boisés.

Voilà donc l'influence du déboisement sur la température bien établie, abstraction faite de toute cause perturbatrice.

Passons dans les hautes latitudes, sur le continent américain. M. de Humboldt, qui a concouru, par ses observations, à mettre le fait suivant en évidence, a annoncé, il y a peu d'années, d'après de nombreuses observations recueillies sur différents points de l'Amérique septentrionale, que la température moyenne n'avait pas changé, malgré les nombreux défrichements qui avaient eu lieu. Cette conséquence est en opposition avec ce qui a été observé sous les tropiques. Pour expliquer la différence, il suffit d'admettre que, les vents froids du nord n'étant plus arrêtés, du moins en partie, par les forêts abattues qui servaient d'abri, le refroidissement qui en est résulté a compensé l'échauffement dû au déboisement. Il faut qu'il en soit ainsi ; car on ne saurait douter que le déboisement n'améliore la température moyenne, puisqu'il fait disparaître les trois causes de refroidissement précédemment indiquées.

Il pourrait se faire encore que, la température moyenne restant la même, la répartition de la chaleur dans le cours de l'année fût changée, et dans ce cas le climat serait modifié.

Les grandes masses de bois exercent donc une action sur l'état climatérique d'un pays, action qui dépend de sa position géographique, de sa proximité de la mer et de la nature du sol. Nous allons essayer de mettre encore en évidence l'influence de la latitude, de manière à ne laisser aucun doute à cet égard dans les esprits.

La partie tropicale de l'Afrique, sur une immense étendue, est formée d'une surface sableuse nue et aride (c'est le désert du Sahara), qui est devenue telle à la suite des inondations produites par l'éruption des eaux de l'Océan qui ont enlevé l'humus, ou bien par l'effet d'un cataclysme dont les auteurs grecs, dans les légendes de Samothrace, indiquent la date correspondant à celle du déluge de Moïse. Le sable, dans ces déserts, s'échauffe, sous l'action solaire, à 50, 60 degrés et au delà de température centigrade. De cet échauffement il résulte un courant d'air chaud qui, en s'abattant sous les latitudes moyennes de l'Europe, donne naissance aux vents chauds et humides du sud-ouest, si fréquents sur nos côtes occidentales, et qui viennent améliorer nos climats. Les déserts de sable qui se trouvent sous les tropiques influent donc sur les climats des contrées situées sur les mêmes méridiens.

Il n'en est pas de même de l'Amérique du Sud, où les régions tropicales sont occupées par des marais, des forêts et des fleuves qui, s'échauffant moins sous la radiation solaire que le sable des déserts, ne déversent pas sur les latitudes moyennes du nouveau continent des courants d'air ayant une température aussi élevée que celle des vents du sud-ouest de la partie occidentale de l'Europe. Aussi, à même latitude, l'Amérique septentrionale a-t-elle une température moyenne inférieure à celle des parties occidentales moyennes de l'Europe, et la Vigne n'y est-elle pas cultivée.

Si donc, dans la suite des siècles, les déserts du Sahara se couvraient de bois, le sol ne s'échaufferait plus autant sous le rayonnement solaire qu'à l'époque actuelle; par conséquent, les vents du sud qui améliorent aujourd'hui notre climat, n'ayant plus une température aussi élevée, le rendraient plus rude. Cet exemple est tellement saillant, que nous nous dispensons d'en tirer des conséquences relativement à la question qui nous occupe.

Il ne nous reste plus qu'à examiner la question de salubrité.

Toute cause qui divise le sol, telle que le labour, facilite le passage des eaux pluviales dans la terre pour gagner les réservoirs inférieurs; les racines des arbres produisent le même effet, tandis que les arbres eux-mêmes sont les conduits naturels qui laissent échapper constamment dans l'atmosphère, par l'intermédiaire des feuilles, la portion d'eau absorbée par les racines qui n'est pas assimilée ou décomposée.

Vient-on à défricher une forêt à sous-sol imperméable sans cultiver le sol, la terre n'offre plus qu'un accès difficile aux eaux pluviales, et celles qui ne trouvent plus d'issue pour s'échapper par les feuilles restent en grande partie dans les réservoirs inférieurs. D'un autre côté, le sol, étant dépourvu d'arbres, est soumis à une plus grande évaporation; mais, si cette évaporation ne compense pas les effets résultant de l'infiltration des eaux et de leur émission par les feuilles, le pays devient marécageux et malsain, et les habitants sont alors en proie aux fièvres paludines qui les déciment; c'est ce qui est arrivé à la Sologne, à la Brenne, à la Dombes et à la Bresse, à la suite de grands déboisements.

Des documents authentiques prouvent, effectivement, que, il y a mille ans, la Brenne était couverte de forêts entrecoupées de prairies arrosées d'eaux courantes et vives, qu'elle était renommée par la fertilité de ses pâturages et la douceur de son climat; aujourd'hui il n'en est pas ainsi, le pays est devenu marécageux et malsain.

La Dombes, il n'y a pas plus de deux siècles, sous Louis XIV, était également un pays riche et peuplé; on y a fait disparaître les bois pour avoir de grands pâturages destinés à remplacer les prés transformés en étangs, et le pays est devenu alors insalubre.

On peut nous demander, à la vérité, si les contrées que nous venons de citer n'étaient pas également humides avant le déboisement; la nature même du sol ne permet pas d'en douter. Mais les arbres, bien que leurs branchages s'opposaient à l'évaporation de l'eau, n'en étaient pas moins des causes incessantes d'écoulement de cette eau, soit dans l'atmosphère, soit dans la terre.

Les forêts peuvent agir encore sur la salubrité quand elles se trouvent sur le passage d'un air humide renfermant des miasmes; cet air s'en dépouille en traversant une immense étendue de bois. On a observé des positions, en Italie, dans les Marais Pontins, où l'interposition d'un rideau d'arbres préservait tout ce qui était derrière lui, tandis que la partie découverte était exposée aux fièvres. Les arbres tamisent donc l'air infecté en lui enlevant ses miasmes.

L'action qu'exercent les forêts sur les climats est donc incontestable : à la vérité, elle est complexe, puisqu'elle dépend de la latitude, de la nature et de la configuration du sol, et d'autres causes encore; mais elle n'en est pas moins manifeste, et il est nécessaire de la prendre en considération dans les grands défrichements, si l'on ne veut pas courir la chance de s'égarer. Sous nos latitudes, il est impossible de dire *à priori* ce qui en résulterait dans telle ou telle localité.

Au surplus, ne nous hâtons pas de demander le défrichement sans réserve; l'accroissement de la population, les progrès de la civilisation et les guerres se chargeront de l'opérer, gardons-nous d'en douter, l'histoire nous en fournit de nombreux exemples, ainsi que des effets remarquables qui en sont résultés pour les climats sous des latitudes moins élevées que les nôtres.

Du Gange à l'Euphrate, sur une étendue de plus de 1000 lieues en longueur et de plusieurs centaines de lieues en largeur, trois mille ans de guerre ont ravagé ces contrées. Ninive et Babylone si renommées par leur civilisation avancée et leur opulence, Palmyre et Balbeck par leur magnificence, n'offrent plus aujourd'hui au voyageur que des ruines attestant leur grandeur passée, au milieu de déserts dans lesquels on ne rencontre plus çà et là que des traces des riches cultures qui s'y trouvaient.

Cyrus, Alexandre et leurs successeurs ravagèrent une grande partie de l'Asie, détruisirent leurs forêts. Les Romains vinrent ensuite, puis les Sarrasins, et enfin les Turcs, qui complétèrent la ruine de ces contrées.

La Palestine offre de semblables contrastes. Qu'est devenue, en effet, cette belle contrée de Chanaan, citée par la *Bible* comme le pays le plus fertile de l'univers. Toutes ces régions, renommées par la douceur de leur climat, privées de leurs forêts, manquent d'eau et de végétation, et n'offrent partout aux voyageurs que le silence de la mort.

En Afrique, depuis la côte de l'océan Atlantique jusqu'aux ruines de Carthage, et depuis celles-ci jusqu'aux sables de la Libye, les forêts, qui vivifiaient jadis ces contrées sur une étendue en longueur de près de 1000 lieues, sont éloignées aujourd'hui d'au moins 40 lieues du rivage de la mer.

L'Égypte est déboisée; Memphise et Thèbes ne présentent plus que des ruines au milieu de déserts de sables.

En Grèce, comme en Perse, les villes les plus florissantes disparurent quand les terres environnantes furent déboisées.

L'histoire nous fournirait encore bien d'autres exemples, qui prouveraient que des modifications plus ou moins profondes dans les climats sont résultées de la disparition des forêts sous les latitudes moins élevées que les nôtres à la vérité, soit par le passage de grands conquérants, soit par l'accroissement de population ou les progrès de la civilisation.

Du défrichement des forêts considéré sous le point de vue économique.

Lorsqu'on retire du sol forestier un produit inférieur à celui que donnerait la terre quand elle est livrée à la culture, l'économiste dit qu'il faut le dénaturer pour lui faire rapporter tout ce que l'on peut en tirer. J'ai déjà fait connaître les causes qui, suivant moi, ne permettent pas, dans l'état actuel des choses, de laisser au propriétaire la faculté d'user du sol forestier comme bon lui semble; ainsi je n'y reviendrai pas, mais je parlerai de la restriction que les partisans du défrichement veulent y mettre. Suivant eux, le défrichement doit être interdit seulement sur les montagnes ou sur les pentes; M. Beugnot, qui a partagé cette opinion, regardait comme une loi sage celle qui, en rétablissant les particuliers dans la libre disposition de leurs bois en pays de plaines, les porterait, par la seule impulsion de leur intérêt, bien plus que par des primes ou des récompenses, à reboiser les montagnes et leurs versants, toutes les fois que cette opération serait possible et utile.

La difficulté est de rendre une semblable loi dans les circonstances actuelles, où le prix des bois est avili par suite de la substitution de la houille au bois dans les usages domestiques et dans un grand nombre d'usines qui employaient jadis ce dernier combustible. Comment faire, effectivement, pour engager les particuliers à boiser les montagnes et les pentes, dont le sol est, en général, médiocre ou de mauvaise qualité, lorsqu'ils n'auront aucun espoir de recouvrer, dans vingt ou trente ans, le prix de leurs avances?

Il y a un moyen d'encourager les reboisements, tout en autorisant, dans certaines limites, le défrichement; ce serait de frapper la houille destinée aux usages domestiques et le bois de droits en rapport avec leur pouvoir calorifique : de cette manière, on ne nuirait pas au développement de l'industrie, et on relèverait le prix du bois de chauffage, et par suite la valeur des fonds de bois. En agissant ainsi, on ralentirait l'ardeur du défrichement et on porterait les particuliers au reboisement des terrains de médiocre qualité, soit en plaine, soit en pays de montagnes. En laissant substituer les droits actuels, on produira des effets diamétralement opposés; on hâtera la destruction des forêts et on empêchera le reboisement. Le présent est donc responsable des maux qui en résulteront pour l'avenir.

Je sais parfaitement que l'usage de la houille s'introduit de jour en jour dans les habitations privées, parce qu'on y trouve économie, et que rien ne saurait arrêter l'impulsion qui est donnée; aussi est-il inutile de le tenter. Mais le gouvernement, tout en favorisant cet essor, peut empêcher qu'on ne frappe le bois de droits d'octroi qui ne tendent rien moins qu'à faire cesser peu à peu l'emploi du bois comme moyen de chauffage; il faut songer aussi que nos houillères ne sont pas inépuisables, et qu'il arrivera un temps où elles ne pourront plus suffire à nos besoins. Voici comment s'exprime à cet égard M. Adolphe Brongniart dans l'exposé des motifs d'une proposition de plusieurs prix relatifs à l'amélioration de la culture des bois en France (*Bulletin* de la Société d'encouragement, décembre 1846): « La houille et le fer s'épuiseront un jour, « et le terme de leur durée est moins éloigné qu'on ne le « pense généralement; il se rapproche dans une progression « effrayante, quand on voit avec quelle rapidité s'accroît « l'exploitation de ces matières, et surtout de la houille. »

Ainsi l'exploitation des combustibles minéraux en France n'était, en 1789, que de 2 millions et 1/2 de quintaux métriques : elle était, en **1815**, de **9** millions et **1/2**; en **1830**, de **18** millions et **1/2**; en **1843**, de **37** millions. Dans une période de cinquante ans, elle a ainsi doublé fort régulièrement tous les treize à quatorze ans.

La consommation annuelle, représentée par ces nombres, en y ajoutant l'importation, est dans le même cas; elle s'est élevée, dans la période de **1789** à **1843**, de **4** millions et **1/2** à **53** millions de quintaux métriques, et, si elle suit cette même progression pendant encore un demi-siècle, elle atteindra alors, à cette époque, le chiffre énorme de près de **1** milliard de quintaux, chaque année pour la France seule, et, dans leur proportion actuelle, les mines de France devraient, à cette époque, fournir **600** millions de quintaux métriques annuellement.

Que l'on reprenne maintenant, avec ces données, les calculs faits sur la durée probable de l'exploitation des mines de houille à une époque où la consommation était d'environ **10** millions de quintaux métriques, et on reconnaîtra qu'actuellement cette durée doit être réduite au quart, dans quinze ans au huitième, dans trente ans au seizième, et dans un demi-siècle au quarantième environ, en supposant, ce qui est conforme aux probabilités, que la consommation continue à s'accroître pendant cinquante ans, comme elle s'est accrue depuis les cinquante ans qui viennent de s'écouler.

Que deviennent alors ces calculs où l'on évalue la durée d'une exploitation de houille à mille ans, à trois mille ans, à six mille ans, terme qui paraît impossible à atteindre et fait considérer ces couches comme inépuisables? Ces chiffres énormes se réduisent alors à deux ou trois siècles, à beaucoup moins même, pour peu que la progression de la consommation actuelle dure quelque temps.

Des géologues éminents qui se sont occupés de la durée probable de nos houillères, tout en déclarant qu'elles ne sont pas inépuisables, avouent qu'il est bien difficile d'assigner un terme à cette durée, attendu que les filons actuellement en exploitation ne sont pas tous parfaitement connus; d'un autre côté, rien ne prouve qu'on ne découvrira pas encore de nouveaux gisements. Si le cas échéait, l'existence des houillères se trouverait prolongée; mais dans le doute, et surtout en présence d'une consommation toujours croissante de combustible minéral, il faut songer, dès à présent, à l'avenir, et ne pas sacrifier, pour des intérêts du moment, une partie de nos richesses forestières.

Il existe encore en France une superficie boisée considérable, qui, bien aménagée, pourra servir, pendant bien des siècles, à nos besoins, si les voies de communication étaient suffisantes. Cette superficie, qui s'élève à 8,804,550 hectares, ne suffit pas à la consommation; car on est obligé de tirer encore de l'étranger du bois pour une valeur de plus de 40 millions, que fourniraient probablement nos forêts, si les voies de communication ne manquaient pas pour les transporter vers les centres de population. A Toulouse, par exemple, on voit des bois de construction qui viennent du Jura, tandis que les montagnes de la haute Garonne possèdent abondamment des essences résineuses.

Espérons que les voies de communication qui vont sans cesse en s'améliorant, et que les chemins de fer qui finiront par rayonner dans toutes les directions, permettront de transporter les produits forestiers des montagnes sur tous les points du territoire, et de défricher dans les plaines sur une plus large échelle qu'on ne pourrait le faire aujourd'hui. En attendant, agissons de manière à ne pas compromettre nos richesses forestières sans avoir l'assurance que le reboisement des montagnes et des terrains incultes suivra de près le déboisement des plaines, en n'oubliant pas, toutefois, que les produits de ces reboisements ne vaudront jamais ceux des bois de plaine défrichés.

En résumé, dans la lutte qui existe en ce moment entre le bois et la houille, ce dernier combustible tend sans cesse à se substituer au premier dans les usages domestiques; il résulte de là une dépréciation incessante dans la valeur des fonds de bois et une disposition à des défrichements immodérés et menaçants pour l'avenir. Il est donc indispensable d'aviser aux moyens de répartir les droits d'octroi, sans nuire à l'industrie, de manière à ne pas donner une prépondérance trop marquée à la houille sur le bois, ce à quoi on parviendra en mettant ces droits en rapport avec les quantités de chaleur produites par des poids égaux de chacun de ces combustibles pour concilier les intérêts généraux et particuliers. Il sera possible alors d'accorder la faculté de défricher en plaine, en astreignant chaque particulier à une déclaration préalable à l'autorité, afin de mettre à même le pouvoir de prendre telle mesure législative qu'il jugera convenable, dans le cas où les défrichements seraient hors de proportion avec le reboisement.

La plus value qu'acquerront alors les fonds de bois, et le parti avantageux que les voies ferrées permettront de tirer du bois situé loin des centres de population, contribueront, plus que des indemnités et des encouragements, au reboisement des montagnes et des landes stériles, dont la superficie est considérable, puisque la statistique générale de la France évalue à 21,729,102 hectares la superficie des pâturages, pâtis et terrains vagues, celle de la France entière étant de 52,768,610 hectares, c'est-à-dire qu'elle est égale à 40 pour 100 de celle de la France.

TABLEAU **A**.

COMBUSTIBLES.	CARBONE ÉQUIVALENT à un kilog. de combustible (substances hydrogénées comprises).	POUVOIR RAYONNANT (d'après M. Peclet).	NOMBRES RELA[TIFS] POUR Poids moyen.	
Houille grasse (nombre moyen).	1	plus fort que 0.5	hectolitre ras.......	80 k.
Anthracite................	1	*id.*	»	
Coke.....................	0.85	*id.*	hectolitre comble des usines à gaz......	32
Bois sec (toutes les essences)..	0.46	0.28	»	
Bois avec 25 p. 0/0 d'eau. — Bois dur..........	0.35	0.25	par stère — bois dur....	400
Bois avec 25 p. 0/0 d'eau. — Bois blanc.........	0.35	0.25	par stère — bois blanc..	250
Bois avec 25 p. 0/0 d'eau. — Fagots de menuise et cotrets........	0.35	0.25	par stère — fagots et cotrets.....	350
Charbon de bois et tourbe dans les conditions ordinaires. — Charbon de Chêne et de Hêtre..........	0.85	0.50	par double hectolitre,	48 à 50 kil.
Charbon de bois et tourbe dans les conditions ordinaires. — Charbon de Bouleau.	0.85	0.50	par double hectolitre,	44 à 46
Charbon de bois et tourbe dans les conditions ordinaires. — Charbon de Pin.....	0.85	0.50	par double hectolitre,	40 à 42
Charbon de bois et tourbe dans les conditions ordinaires. — Charbon de tourbe..	0.80	0.50	»	
Charbon de Paris.............	0.85	»	par 1/2 hectolitre....	40
Tourbe desséchée...........	0.66	0.25	»	
Idem avec 25 p. 0/0 d'eau.....	0.50	0.25	»	
Tannée desséchée...........	0.41	»	»	
Idem ordinaire..............	0.30	»	»	

TIFS A LA MESURE USITÉE CHAQUE COMBUSTIBLE.		PRIX MOYEN DE 100 KILOGR. de carbone fourni par chaque combustible.		OBSERVATIONS.
Équivalent calorifique en carbone, en prenant 100 kilogr. pour unité.	Prix moyen de vente à Paris.	Prix moyen.	Rapport au prix fourni par la houille.	
hectol. ras, 0.8	hectol., 3.5 (en prenant 4 f. 40 c. pour prix des 100 kil.)	4.4	1	A Paris, le prix du chauffage à la houille étant 1 Celui du chauffage au coke est un peu moins de 2....... 1.8 Celui du bois....... 3 Celui du charbon de bois............ 4
»	»	»	»	
hect. comble, 0.28	hect. comble, 2 f. 25 c.	8.0	1.8	
»	»	»	»	
par stère, 1.4	par stère de bois neuf, 18 f. 50 c.	13.2		
0.88	12 f.	13.63	3	
1.2	»	»		
par double hectolitre, »	»			
en moyenne, 0.4	prix moyen, 7 f. 50 c.	18.75	4.3	
»	»			
»	»	»	»	
par hectol., 0.34	par hect. 6 f. (en prenant 15 f. pour les 100 kilog.)	17.65	4	
»	»	»	»	
»	»	»	»	
»	»	»	»	
»	»	»	»	

ANNÉES. 1.	POPULATIONS. 2.	Consommation de carbone en quintaux métr. par individu et provenant: de tous combustibles (substances hydrogénées comp.) 3.		du bois dur. 4.	du bois blanc. 5.	du bois dur et du bois blanc. 6.	des fagots et cotrets. 7.	du bois dur, du bois bl., des fagots et cotrets. 8.	du charbon de bois. 9.	du charbon de terre. 10.
	habitants.									
1800.										
1801.	547,746	»		»	»	q. 3,23	»	»	q. 0,42	
1802.										
1803.										
1804.										
1805.										
1806.	580,609	»		»	»	2,30	»	»	0,65	
1807.										
1808.										
1809.										
1810.										
1811.										
1812.										
1813.										
1814.										
1815.										
1816.										
1817.	713,966									
1818.										
1819.										
1820.										
1821.	713,966	q. 3,593		q. 1,70	q. 0,20	q. 1,90	q. 0,26	q. 2,16	q. 0,57	q. 0,75
1822.	749,355	3,313								
1823.	784,742	3,452								
1824.	820,130	3,244								
1825.	855,518	2,614								
1826.	890,905	3,109		1,21	0,16	1,37	0,17	1,54	0,48	0,83
1827.	867,590	3,290								
1828.	844,277	3,093								
1829.	820,964	3,373	3,183							
1830.	797,651	3,432								
1831.	774,338	3,258		1,35	0,17	1,52	0,18	1,70	0,60	0,92
1832.	801,295	2,745								
1833.	828,252	3,205								
1834.	855,209	2,683								
1835.	882,166	3,353								
1836.	909,126	3,179		1,21	0,14	1,35	0,23	1,58	0,59	1,14
1837.	911,353	3,694								
1838.	919,540	3,613								
1839.	924,807	8,565								
1840.	930,034	3,412								
1841.	935,261	3,624	3,590	1,12	0,13	1,25	0,22	1,47	0,59	1,56
1842.	958,988	3,536								
1843.	982,715	3,756								
1844.	1,006,442	3,527								
1845.	1,030,169	3,786								
1846.	1,053,897	3,387		0,84	0,10	0,94	0,19	1,13	0,59	2,04
1847.	1,053,770	4,270								
1848.	1,053,643	3,150								
1849.	1,053,516	3,512	3,887							
1850.	1,053,389	4,273								
1851.	1,053,262	4,229		0,65	0,10	0,75	0,14	0,89	0,59	2,74
1852.	»	4,350		0,63	0,14	0,77	0,083	0,85	0,60	2,90
MOYENNE........		»		»	»	»	»	»	0,57	»

DIMINUTION dans la consommation individuelle du carbone provenant des bois dur, blanc, fagots et cotrets. 11.	ACCROISSEMENT dans la consommation individuelle du carbone pris sur le charbon de terre. 12.	CARBONE du charbon de terre employé dans l'industrie ou dans la consommat. p. accroissem. 13.	CONSOMMATION totale de charbon de terre en hectolitres. 14.	Charbon de terre en hect. — employé comme complément dans le chauffage. 15.	Charbon de terre en hect. — employé dans l'industrie ou comme excédant de chauffage n'entrant pas dans la consommat. calculée. 16.	OBSERVATIONS. 17.
						Le recensement de la population n'étant exact qu'à compter de l'année 1817, on doit accueillir avec une certaine réserve les deux chiffres supérieurs de la col. 8. (*a*) Il y a trente ans, le charbon de terre n'entrait pas sensiblement dans la consommation ordinaire de la population. Chaque habitant devait consommer, en moyenne, annuellem. 2q,16 de carbone provenant du bois dur, du bois blanc, fagots et cotrets. Ce chiffre doit être adopté comme représentant la consommation normale de carbone provenant de ces diverses espèces de bois. Tout ce qui manque, dans les années suivantes, dans la consommation individ., pour compléter ce chiffre, doit être emprunté au charbon de terre. Cette base a servi à calculer les résultats des colonnes 12 et 13.
q. 0,00	q. 0,00	q. 0,75	563,863	»	(*a*) 563,863	
0,62	0,62	0,21	946,008	685,996	260,004	Les chiffres de la colonne 9 indiquent que la consommation individuelle du charbon de bois dans Paris n'a pas varié sensiblement depuis le commencement du siècle.
0,46	0,46	0,46	888,000	441,372	446 618	
0,58	0,58	0,56	1,250,000	654,572	605,428	
0,69	0,69	0,87	1,824,889	804,324	1,020,565	
1,03	1,03	1,01	2,337,702	1,370,066	967,636	
1,27	1,27	1,47	3,625,327	1,664,153	1,961,174	
1,31	1,31	1,59	3,808,420	1,706,284	2,102,136	
»	»	»	»	»	»	

Bois à brûler.

Années républicaines.	Années.	BOIS DUR. Nombre de stères.	BOIS DUR. Droit et décime.	BOIS BLANC. Nombre de stères	BOIS BLANC. Droit et décime.	TOTAL des stères de bois dur et de bois blanc	FAGOTS TAXÉS DEPUIS 1819 par cent et stère.	FAGOTS TAXÉS DEPUIS 1819 Droit et décime par cent.	FAGOTS TAXÉS DEPUIS 1819 Droit et décime par stère.	TOTAL des stères de bois dur et de bois blanc réunis aux fagots.	OBSERVATIONS.
7	1799	651,968	1	131,802	0 50	783,770	»	»	»	»	
8	1800	641,412	1 20	177,896	0 60	819,308	»	»	»	»	
9	1801	1,080,425	»	294,848	»	1,375,273	»	»	»	»	
10	1802	719,303	»	172,637	»	891,940	»	1	»	»	
11	1803	666,204	»	168,053	»	834,257	»	»	»	»	
12	1804	1,043,520	»	272,807	»	1,316,327	»	»	»	»	
13	1805	720,884	»	212,986	»	933,470	»	»	»	»	
14	1806	93,355	»	27,256	»	120,611	»	1	»	»	
		712,859	»	202,401	»	917,260	»	»	»	»	
	1807	739,543	»	210,809	»	950,352	»	»	»	»	
	1808	878,119	»	148,289	»	1,026,408	»	»	»	»	Droit de mesurage
	1809	919,679	»	104,977	»	1,024,656	»	»	»	»	établi, 15 c par s.
	1810	864,334	»	103,635	»	967,969	»	»	»	»	ajoutés au droit
	1811	761,035	»	92,956	»	793,991	»	»	»	»	d'octroi.
	1812	812,379	»	104,731	»	917,510	»	»	»	»	
	1813	803,047	»	101,550	»	904,597	»	»	»	»	
	1814	710,826	1 32	92,315	0 66	803,541	»	»	»	»	Décime ajouté pour subv. de guerre.
	1815	940,632	1 20	159,589	0 60	1,100,221	»	»	»	»	Décime supprimé.
	1816	1,114,516	1 65	141,083	1 10	1,255,599	»	»	»	»	Décime rétabli et
	1817	755,720	2 20	115,403	1 65	871,123	»	»	»	»	droit augmenté.
	1818	899,054	»	122,246	»	1,021,300	»	»	»	»	
	1819	723,284	»	151,635	»	874,919	3,388,304	3	»	»	Fagots imposés à 3
	1820	1,004,648	»	158,320	»	1,162,968	4,466,223	»	»	»	fr. le cent.
	1821	1,000,135	»	174,944	»	1,175,079	3,940,454	»	»	»	
	1822	810,567	»	162,169	»	972,736	3,643,751	»	»	»	
	1823	953,420	»	171,304	»	1,124,724	4,059,645	»	»	»	
	1824	954,435	»	151,108	»	1,105,543	3,892,955	»	»	»	
	1825	672,000	»	123,000	»	795,000	3,233,416	»	»	873,000	
	1826	895,833	»	193,000	»	1,088,833	4,014,812	»	»	1,214,000	
	1827	894,000	»	171,000	»	1,065,000	4,007,459	»	»	1,186,000	
	1828	801,000	»	162,000	»	963,000	3,496,750	»	»	1,069,000	
	1829	864,000	»	167,000	»	1,031,000	4,261,281	»	»	1,160,000	
	1830	822,000	»	144,000	»	966,000	4,525,987	»	»	1,103,000	
	1831	746,000	2 20	165,000	1 65	911,000	125,000	»	»	1,036,000	
	1832	676,000	2 915	136,000	2 145	812 000	84,000	»	1 10	895,000	Droit de mesurage
	1833	739,000	»	146,000	»	885,000	167,000	»	»	1,052,000	supprimé, fagots
	1834	605,009	»	155,000	»	760,000	155,000	»	»	915,000	composés en stère.
	1835	773,000	»	173,000	»	946,000	187,000	»	»	1,133,000	
	1836	715,000	»	137,000	»	852,000	188,000	»	»	1,040,000	La menuise assimi-
	1837	878,000	»	143,000	»	1,021,000	249,000	»	»	1,270,000	lée aux fagots.
	1838	819,000	»	136,000	»	955,000	190,000	»	»	1,145,000	
	1839	760,000	»	145,000	»	905,000	173,000	»	»	1,078,000	
	1840	696,466	»	144,477	»	840,943	168,000	»	»	1,008,943	
	1841	716,914	»	142,974	»	859,918	185,069	»	»	1,044,987	
	1842	616,545	»	134,035	»	750,580	162,618	»	»	913,198	
	1843	727,857	»	169,126	»	896,983	181,640	»	»	1,078,623	
	1844	591,274	»	144,478	»	735,752	170,545	»	»	906,297	
	1845	701,293	»	119,473	»	820,766	183,709	»	»	954,475	
	1846	557,362	»	121,541	»	678,893	150,706	»	»	829,409	
	1847	647,888	»	148,339	»	796,227	176,354	»	»	972,581	
	1848	412,573	»	118,500	»	531,073	155,296	»	»	686,369	Juillet 1848, doub.
	1849	495,386	»	107,035	»	602,421	155,216	»	»	757,928	décime.
	1850	497,244	»	110,709	»	607,953	191,697	»	»	802,650	
	1851	484,070	»	149,451	»	633,521	129,663	»	»	763,184	
	1852	475,903	»	167,349	»	»	75,766	»	»	»	

Charbon de bois et charbon de terre.

Années républicaines.	Années.	CHARBON DE BOIS. QUANTITÉS SOUMISES AU DROIT. Charbon et poussier payant le même droit.	Poussier payant un droit différent.	Total des charbons et poussiers.	Octroi, décime et mesurage. charbon.	Octroi, décime et mesurage. poussier.	CHARBON DE TERRE. QUANTIT. d'hectolitres introduits dans Paris.	CHARBON DE TERRE. Droit et décime.	OBSERVATIONS.
		doub. h.	doub. h.	doub h.					
7	1799	398,325	»	398,325	»	»	»	»	
8	1800	552,457	»	552,457	»	»	»	»	
9	1801	640,860	»	640,860	»	»	»	»	
10	1802	773,805	»	773,805	»	»	»	»	
11	1803	753,946	»	753,846	»	»	»	»	
12	1804	766,868	»	766,868	»	»	»	»	
13	1805	819,374	»	819,374	»	»	»	»	
14	1806	197,478 759,695	» »	197,478 759,695	» »	» »	» »	» »	
	1807	736,230	»	736,230	»	»	»	»	
	1808	774,284	»	774,284	»	»	»	»	
	1809	844,241	»	844,241	»	»	»	»	
	1810	826,990	»	826,990	»	»	»	»	
	1811	852,183	»	852,183	»	»	»	»	
	1812	838,731	»	838,731	»	»	»	»	
	1813	851,049	»	851,049	»	»	»	»	
	1814	924,978	»	724,978	»	»	»	»	
	1815	1,021,121	»	1,021,121	» 40	»	»	»	
	1816	1,035,054	»	1,035,054	» 65	»	673,000	» 33	
	1817	953,270	»	953,270	»	»	408,847	»	
	1818	1,039,561	»	1,039,561	»	»	503,372	»	
	1819	862,419	»	862,419	»	»	490 261	»	
	1820	875,217	»	875,217	»	»	513,797	»	
	1821	1,019,804	»	1,019,804	»	»	563,863	»	
	1822	1,085,869	»	1,085,869	»	»	716,110	»	
	1823	1,013,934	»	1,013,913	»	»	751,278	»	
	1824	1,000,874	»	1,000,874	1 20	»	727,418	» 55	
	1825	1,004,000	»	1,004,000	» 925	»	748,000	»	
	1826	1,083,000	»	1,083,000	»	»	946,000	»	
	1827	1,175,000	»	1,175,000	»	»	939,000	»	
	1828	1,199,000	»	1,199,000	»	»	833,000	»	
	1829	1,083,000	»	1,083,000	»	»	926,000	»	
	1830	1,245,000	»	1,245,000	»	»	984,000	»	
	1831	1,182,000	»	1,182,000	» 915	»	888,000	» 55	
	1832	956,000	19,000	975,000	1 10	» 55	804,000	»	Ordonnance du 17 août 1817.
	1833	1,130,000	73,000	1,203,000	»	»	1,013,000	»	
	1834	1,193,000	67,000	1,260,000	»	»	1,027,000	»	
	1835	1,254,000	64,000	1,318,000	»	»	1,215,000	»	
	1836	1,306,000	54,000	1,360,000	»	»	1,250,000	»	
	1837	1,362,000	58,000	1,420,000	»	»	1,445,000	»	
	1838	1,379,000	58,000	1,437,000	»	»	1,567,000	» 33	
	1839	1,398,000	53,000	1,451,000	»	»	1,647,600	»	
	1840	1,360,000	108,000	1,468,000	»	»	1,611,167	»	
	1841	1,388,745	56,273	1,445,018	»	»	1,824,889	»	
	1842	1,412,252	53,916	1,466,000	»	»	2,036,188	»	
	1843	1,391,505	49,226	1,440,731	»	»	2,161,310	»	
	1844	1,483,796	51,790	1,535,586	»	»	2,220,707	»	
	1845	1,550,587	52,426	1,603,013	»	»	2,440,573	»	
	1846	1,511,148	46,009	1,557,157	»	»	2,337,702	»	
	1847	1,495,804	60,265	1,556,069	»	»	3,287,550	»	
	1848	1,332,370	52,167	1,384,537	»	»	2,367,267	»	Juillet 1848, double décime.
	1849	1,326,376	59,661	1,386,073	»	»	2,774,155	»	
	1850	1,419,059	73,675	1,492,734	»	»	3,595,236	»	
	1851	1,422,263	50,365	1,472,628	»	»	3,625,327	»	
	1852	1,483,195	96,868	»	»	»	3,808,620	»	

NOTE SUR LE DROIT D'OCTROI DES BOIS A BRULER,

COMMUNIQUÉE PAR M. ROUSSELIN-MICHAUD.

En 1817, jusqu'en 1832, le droit d'octroi sur les bois durs était de 2 fr. par stère, ci.. . . .		2 »	2 20	
Plus 1/10.		» 20		
On payait, en outre, dans les chantiers un droit de mesurage de 15 cent. par stère, contre lequel le commerce de bois ne cessait de réclamer.				
Ce droit de mesurage fut enfin supprimé en 1832, mais le droit d'octroi fut porté à 2 fr. 50 cent. par stère, ci.		2 50	2 65	
Auxquels on ajoute le droit de mesurage de 15 cent., ci.		» 15		
Plus 1/10.				2 915
Le droit se perçut aussi jusqu'en 1848, époque à laquelle le gouvernement républicain, par décision du mois de juillet, ajouta un second dixième aux droits d'octroi, ci pour les bois durs.				0 265
Droits de 1848 à 1851.				3 18
Ce second dixième fut supprimé en 1852, mais cette suppression ne peut être appliquée qu'à la portion différente à l'état de droit fixe de 2 650, ci.		2 650		
Dont on déduisit, à cet effet, 6 pour 100, ci.		0 159		
Le droit fixe fut donc réduit à 2 491, ci. .		2 491		
Soit ainsi qu'on le perçoit maintenant à..	2 49			
Plus le double dixième républicain.	0 249			
	0 249			
TOTAL du droit actuel. . . .	2 988	par stère de bois dur.		

On a procédé de la même manière sur les autres combustibles, la portion du second dixième perçu par la ville étant affectée à la garantie d'un emprunt.

TABLEAU **D. — Climatologie de Paris.**

ANNÉES D'OBSERVATION.	TEMPÉRATURES MOYENNES					
	DE L'ANNÉE.		DE L'HIVER.		des cinq mois (nov., déc., janv., fév. et mars), pour la consommation du bois.	
	Moyenne, 10°,76.	Excès sur la moyenne générale.	Moyenne, 3°,40.	Excès sur la moyenne générale.	Moyenne, 4°,54.	Excès s. la moy.
1800.....						
1801.....						
1802.....						
1803.....						
1804.....						
1805.....						
1806.....	12,08	+1,32				
1807.....	10,76	0,00	5,64	+2,24	5,81	+1,27
1808.....	10,35	−0,41	2,10	−1,30	3,22	−1,32
1809.....	10,64	−0 12	4,91	+1,61	5,89	+1,35
1810.....	10,62	−0,14	2 01	−1,39	3,80	−0,74
1811.....	11,97	+0,21	4,00	+0,60	5,76	+1,22
1812.....	9,89	−0,87	4,09	+0,69	5,29	+0,75
1813.....	10,24	−0 52	1,76	−1,64	3,20	−1,34
1814.....	9,80	−0,96	1,00	−2,40	2,52	−2,02
1815.....	10,49	−0,37	4,26	+0,86	5,69	+1,15
1816.....	9,40	−1 36	2,22	−1,18	3,17	−1,37
1817.....	10,41	−0,35	5,23	+1,83	5,22	+0,68
1818.....	11,39	+0,63	4,00	+0,60	5,50	+0,96
1819.....	11,12	+0,36	4,15	+0,75	5,69	+1,15
1820.....	9,81	−0,95	1,87	−1,58	3,04	−1 50
1821.....	11,06	+0,30	2,45	−0,95	3,97	−0,57
1822.....	12,10	+1,34	6,02	+2,62	7,55	+3,01
1823.....	10,40	−0,36	1,50	−1,90	4,01	−0,53
1824.....	11,15	+0,39	4,48	+1,08	4,98	+0,44
1825.....	11,67	+0,91	4,90	+1,50	5 98	+1,44
1826.....	11,44	+0,68	3,70	+0,30	5,16	+0,62
1827.....	10,70	−0,06	1,57	−1,83	3,61	−0,93
1828.....	11,46	+0,70	5,98	+2,58	6,16	+1,62
1829.....	9,39	−1,37	1,77	−1,63	3,68	−0,86
1830.....	10,00	−0,76	1,78	−1,62	1,66	−2,88
1831.....	11,88	+1,02	3,65	+0,25	5,59	+1,05
1832.....	10,34	−1,42	3,47	+0,07	4,52	−0,02
1833.....	10,89	+0,13	3,68	+0 28	4,39	−0,15
1834.....	11,73	−0,03	6,32	+2,92	6,51	+1,97
1835.....	10,64	−0,12	4,33	+1,97	5,20	+0,66
1836.....	10,76	0,00	1,85	−1,55	3,96	−0,58
1837.....	9,94	−0,82	3,85	+0,45	4,33	−0,21
1838.....	9,48	−1,18	0,65	−2,75	2 99	−1,55
1839.....	10,88	+0,12	3,25	−0,15	4,65	+0,11
1840.....	10,28	−0,78	4,20	+0,80	4,87	+0,33
1841.....	11,02	+0,26	0,65	−2,75	3,86	+0,68
1842.....	10,92	+0,12	2,75	−0,65	4,53	−0,01
1843.....	11,25	+0,49	4,02	+0 62	5,07	+0,53
1844.....	9,98	−0,78	3,17	−0,23	4,70	+0,26
1845.....	9,62	−1,14	0,42	−2,98	1,92	−2,62
1846.....	11,72	−0,96	5,77	+2,37	6,64	+2,10
1847.....	10,78	+0,02	1,73	−1,67	3,40	−1,18
1848.....	11,37	+0,61	3,32	−0,08	5,23	+0,61
1849.....	11,32	+0,56	5,85	+2,75	6,06	+1 52
1850.....	10,64	−0,12	3,83	+0 43	4,53	−0,01
1851.....	10,50	−0,26	4,25	+0,85	5,85	+0,31
1852.....	11,64	−0,12	4,32	+0,92	4,28	−0 56

RAPPORT

PRÉSENTÉ

AU CONSEIL GÉNÉRAL DU LOIRET,

à la séance du 24 août 1853,

SUR

L'AMÉLIORATION DE LA SOLOGNE,

par M. Becquerel.

MESSIEURS,

Lorsqu'on parcourt rapidement la Sologne pour en prendre une idée générale, et si l'on veut juger de la valeur des terres et de leur amélioration possible par l'impression que l'on éprouve en voyant de vastes landes couvertes de Bruyères, de plaines de sable dénudées, des terrains marécageux et des fermes ne donnant que des produits très-médiocres, on court le risque de se tromper dans ses appréciations; mais, si l'on se livre à un examen sérieux des résultats obtenus sur divers points où se trouvent des agriculteurs intelligents et actifs, on ne tarde pas à rectifier le premier jugement qu'on a porté. Il suffit, en effet, de visiter ces points pour ne pas désespérer de l'avenir d'un pays qu'on a voulu frapper de réprobation, et qui ne doit son état actuel qu'à la perte de ses forêts et à un parcours sans frein du bétail. Exemple mémorable de stérilité que nous présentent également une partie des côtes d'Afrique, la Syrie et les plaines d'Asie, qui ont été déboisées à la suite du passage de grands conquérants, par l'effet du progrès de la civilisation et d'autres causes.

Occupé, depuis six ans, de l'amélioration de la Sologne, dont j'ai fait une étude spéciale sous le rapport météorologique, agricole et forestier, j'ai désiré, cette année, avant de remplir les devoirs qui me sont confiés par mes concitoyens au conseil général, de la parcourir de nouveau, afin de me rendre compte de l'état de ses cultures et de ses plantations. Quelques exemples de cultures, choisis parmi un assez grand nombre que j'ai visitées, suffiront pour montrer qu'il faut avoir espoir dans la transformation d'une contrée qui est digne des sacrifices que le gouvernement paraît décidé à faire pour l'opérer.

Dans la commune de Vouzon, canton de la Motte-Beuvron, il existe une vaste lande d'environ 500 hectares d'étendue appelée *lande de Misabran*, et dans laquelle on a appliqué, il y a quelques années, un nouveau genre de culture qui a donné d'excellents résultats. On a commencé par défricher à bras un certain nombre d'hectares de Bruyères, et, après avoir passé la herse, on a répandu sur la terre du noir animal, à raison de 4 hectolitres 1/2 par hectare, puis on a semé du Seigle. La récolte a donné 25 hectolitres par hectare. La seconde année, labour à la charrue avec addition de noir animal et semis de Seigle ou d'Avoine avec Trèfle; les résultats ont été non moins satisfaisants. J'ai vu, il y a peu de jours, dans cette bruyère défrichée, des récoltes qui peuvent être comparées à celles de la Beauce. La troisième année, on transforme les terres en prairies pour faire consommer les fourrages par un troupeau. Cette exploitation n'exige qu'une maison d'habitation pour l'exploitant, une grange pour battre les grains, car les récoltes sont en meules, une écurie et une bergerie.

Sur d'autres points de la Sologne où l'on agit de même, on continue la culture des céréales en ajoutant successivement du noir animal, mais en moindre proportion, jusqu'à ce que le sol soit entièrement épuisé; après quoi l'on plante en Pins, avec l'intention de couper au bout d'un certain nombre d'années, pour recommencer la même culture, si la plantation n'offre pas un produit aussi avantageux que celui de la culture des céréales. Les premières rotations rapportent ordinairement au propriétaire la valeur du fonds, en sorte qu'il finit par avoir pour bénéfice une terre plantée en bois. Ce mode d'exploitation doit prendre naturellement faveur dans les lieux où il est impossible de se procurer de la marne à un prix modéré; mais, toutes les fois que l'on peut avoir ce précieux amendement, il n'en est plus ainsi : au lieu d'épuiser le sol marné pour le planter ensuite en bois, on l'enrichit d'année en année par de nouvelles cultures, et alors la transformation est opérée.

Veut-on avoir une preuve évidente des résultats avantageux que l'on peut obtenir dans les terres marnées de la Sologne avec de l'intelligence, de la persévérance et des sacrifices pécuniaires, il suffit de visiter la ferme de Huppemeau, située commune de la Ferté-Saint-Aignan, et exploitée par M. Ménard, qui s'est acquis, parmi ses concitoyens, une grande réputation comme agriculteur. Ce domaine, composé de 300 hectares, était loué, il y a douze ans, huit cents francs; le fermier payait mal ou ne payait pas du tout. M. Ménard, qui a pris la ferme à bail pendant quarante ans moyennant 1,200 francs, a commencé par planter 150 hectares en Pins maritimes, puis il a défriché successivement le reste en marnant de 80 mètres cubes par hectare, le mètre cube lui revenant à 4 francs, soit par hectare une dépense de 320 francs. Aujourd'hui 80 hectares sont ainsi marnés et en pleine exploitation. Les résultats qu'il a obtenus cette année sont prodigieux, et les produits, qu'il a su augmenter par la création d'une fabrique de fromages, ne doivent plus se compter par centaines de francs, mais bien par milliers de francs.

J'ajouterai qu'à la marne il a joint l'emploi de la charrée (cendre lavée), qui donne également d'excellents résultats; des terres qui ont reçu de 50 à 60 hectolitres de charrée par hectare ont rapporté, cette année, 28 hect. de Colza à l'hectare.

M. Ménard a réalisé, en outre, une auguste pensée, en créant à peu de frais une colonie qui promet d'heureux résultats; cette colonie se composera de huit ménages, ayant chacun une maison d'habitation, une petite grange, un toit et 1 hectare de terre défrichée ou non défrichée. Ces colons, qui n'ont pas encore pris possession de leurs habitations, sont déjà occupés aux travaux d'exploitation du domaine. Ces habitations, construites de la manière la plus simple, en pisé, avec encoignures et entablements en briques, ne coûteront chacune que 2,000 francs.

M. Ménard, dont la philanthropie est à la hauteur de son intelligence, ne voulant pas priver ses colons de l'instruction primaire, a établi dans sa ferme une école où se rendent tous les jours les enfants de ses colons et les siens. Exemple remarquable d'amour du bien public que je me plais à citer avec l'espoir qu'il sera imité.

Les exemples remarquables de culture que je viens de rapporter suffisent pour montrer le parti avantageux que l'on peut tirer des terres de Sologne quand elles sont cultivées avec intelligence. J'arrive maintenant aux travaux qui ont été exécutés depuis l'année dernière pour l'amélioration de la Sologne, et dont votre commission spéciale m'a chargé de vous rendre compte.

Vous savez que le projet d'assainissement, d'amélioration agricole et commerciale de la Sologne proposé par M. l'ingénieur en chef des ponts et chaussées Machart, et auquel le conseil général a donné son entière approbation, consiste à établir un réseau de canaux, de rigoles, de fossés, dont l'artère principale serait un grand canal de navigation et d'arrosement s'embranchant, à Maimbray, sur le canal latéral à la Loire, et alimenté par une rigole d'environ 6,000 mètres de longueur, qui prendrait les eaux de la Loire à la Madeleine (6 kilomètres environ à l'aval de Cosne) : ce canal traverserait la Sologne de l'est à l'ouest, et irait joindre le canal du Berry près de Selles-sur-Cher, ou le Cher canalisé à Montoux. Ce canal devrait se rattacher à deux rigoles navigables dirigées, l'une sur le faîte qui sépare le Cosson du val de la Loire, l'autre sur le faîte compris entre le Cosson et le Beuvron.

La première et la seconde rigole se rattacheraient aux rivières de Notre-Heure, de la Quiaulne et de la Sange, au moyen d'un tronc commun dirigé suivant le tracé du canal principal, dont l'alimentation serait assurée provisoirement au moyen de réservoirs construits dans les vallées de ces petites rivières du Centre.

Cette alimentation serait, d'ailleurs, complétée par une communication établie entre le réservoir de la Sange et celui de l'Étang-Neuf, projeté près du faîte de la Grande-Sauldre, pour emmagasiner, dans la saison des grandes crues, l'excédant des eaux de cette rivière et assurer principalement la navigation sur le canal de la Sauldre, qui fait partie du système.

Depuis votre dernière session, les projets étudiés par MM. les ingénieurs comprennent

1° Le canal principal dans toute son étendue, de la Loire au Cher : ce projet est définitif et pourrait être mis de suite en adjudication ;

2° La rigole alimentaire qui doit prendre les eaux de la Loire pour les verser dans ce canal ;

3° Les rigoles de faîte du Cosson et du Beuvron ;

4° Le prolongement du canal de la Sauldre sur le faîte compris entre le Beuvron et le Néant ;

5° La rigole alimentaire destinée à prendre les eaux réunies de la Sauldre et de la Nère, à Clémont, pour suppléer, au besoin, à l'insuffisance des réservoirs du canal de la Sauldre.

J'ajouterai que d'autres projets sont encore à l'étude, particulièrement les projets des rigoles de ceinture de l'est destinées à relier ensemble la grande Sauldre, la Nère, la petite Sauldre, la Rère.

M. Machart a soumis ensuite à l'administration le projet de la partie du canal principal comprise entre la rencontre du canal de la Sauldre et le Cher. L'ouverture de cette section, qui ferait suite à la portion du canal en cours d'exécution, donnerait déjà un premier débouché aux bois de la Sologne.

La présentation du projet a eu lieu en mars dernier, et une décision du 28 juillet approuve la partie de ces projets qui s'applique au prolongement du canal de la Sauldre en cours d'exécution jusqu'à la rencontre avec le chemin de fer du Centre.

Il est à désirer que ce prolongement soit exécuté en même temps que le canal de la Sauldre, afin que ce dernier puisse prendre les marnes à Blancafort et servir au transport des bois jusqu'au chemin de fer.

MM. les ingénieurs ont cru devoir faire une modification importante au tracé du canal principal. Ce canal, comme nous l'avons rappelé précédemment, devrait s'embrancher à Maimbray, sur le canal latéral, et être rendu navigable de suite; mais on ne pouvait pas obliger les produits arrivant de la Sologne à remonter jusqu'à Maimbray pour redescendre ensuite à Châtillon. On devait établir une communication en ce point entre les deux lignes au moyen d'écluses. Toute la section comprise entre Châtillon et Maimbray faisait évidemment double emploi. Pour éviter cet inconvénient, on s'était proposé de remplacer cette section par une simple rigole alimentaire. Les choses en étaient là lorsque M. Machart apprit que le service de la Loire s'occupait du projet de l'établissement d'un port à Gien, et qu'à cet effet on se proposait de prolonger jusqu'à cette ville la partie du canal latéral ouverte sur la *rive droite* de la Loire. Aussitôt il conçut l'idée de reporter jusqu'en face de Gien l'origine de la partie navigable du grand canal et sa prise d'eau en Loire, la partie supérieure du tracé ne devant plus servir qu'à l'alimentation. Cette combinaison paraît heureuse en ce qu'elle diminuerait les frais de construction et qu'elle augmenterait de beaucoup l'importance de la ville de Gien, qui deviendrait ainsi le point de jonction de la navigation de la Loire et de celle des canaux de la rive droite et de la rive gauche.

Nous rappellerons que, l'année dernière, sur la demande de la chambre du commerce d'Orléans, vivement appuyée par le conseil général dans sa dernière session, MM. les ingénieurs avaient été invités à s'occuper des projets d'un embranchement du grand canal qui, des environs de Sully ou d'Isdes, se dirigerait vers Orléans ou Combleux, et substituerait une navigation continue par canaux à la navigation pénible et incertaine de la Loire. L'administration des ponts et chaussées n'a encore pris aucune décision à cet égard. Nous nous bornerons seulement à dire que M. l'ingénieur en chef Machart, d'accord avec M. l'ingénieur en chef de la Loire, approuve, dans son rapport à M. le Préfet, l'ouverture de cet embranchement.

Après avoir rappelé les travaux d'études, la commission spéciale doit vous entretenir de la situation matérielle du service, afin que vous puissiez juger des travaux qui ont été exécutés depuis votre dernière session.

La loi du 29 juin 1852 a alloué à la Sologne un crédit de 360,000 fr. ainsi réparti :

Construction du canal de la Sauldre. . .	300,000 fr.
Curages des cours d'eau naturels. . . .	40,000
Sondages et puits à marne.	20,000
TOTAL PAREIL. . . .	360,000
Sur le budget de 1853, les crédits accordés, jusqu'à ce jour, s'élèvent à un total de.	510,000
La Sologne a donc obtenu en tout. . .	870,000

Le crédit de 1853 se décompose, d'ailleurs, ainsi :

Département du Cher : études et continuation du canal de la Sauldre.		404,000
Département du Loiret : études et continuation des curages de rivières.		86,000
Département de Loir-et-Cher :		
Études.	10,000 fr.	20,000
Sondages et puits. . . .	10,000	
TOTAL. . . .		510,000 fr.

Le canal de la Sauldre avait été adjugé le 21 août 1852 ; mais cette adjudication ne put recevoir son effet à raison de l'insolvabilité de ceux qui l'avaient prise. Une cession fut faite, le 6 novembre 1852, à un autre entrepreneur, et, malgré de nombreuses difficultés qui se présentèrent dans l'exécution, les fonds alloués sur 1852 furent, néanmoins, employés en temps utile. On espère que les terrassements seront à peu près achevés, cette année, de Blancafort à Clémont, sur une étendue de 18 kilomètres, et que des approvisionnements seront réunis en quantités suffisantes pour que les ouvrages d'art puissent être rapidement exécutés aussitôt que les fonds disponibles permettront de les exécuter.

Nous ne devons pas oublier de dire que, sur les crédits de 1852 et 1853, on a prélevé les sommes nécessaires pour l'acquisition des terrains. La surface totale occupée par le canal était de 414 hectares 75 ares. Partie de cette superficie a été acquise au prix moyen de 681 fr. 68 c. l'hectare; l'autre partie n'a pas encore été soldée, attendu que les offres de l'administration, qui étaient, cependant, très-élevées, ayant été refusées par les propriétaires, on a eu recours aux jurys du Cher et du Loiret qui viennent d'allouer, pour les indemnités, une somme donnant un prix moyen de 817 fr. 35 c. l'hectare !!!

Je ne parlerai point, dans ce rapport, du curage et du redressement des rivières, travaux pour lesquels des fonds ont été accordés, attendu que notre collègue M. Dupré de Saint-Maur a été chargé, par la commission spéciale, de vous rendre compte de tout ce qui concerne cette partie du service de l'amélioration de la Sologne.

La commission a cru devoir entrer dans quelques développements sur les voies de communication par eau qui doivent jouer le principal rôle dans l'amélioration de la Sologne.

Cette amélioration repose, en effet, sur trois moyens qui lui sont surbordonnés, savoir : le marnage, l'irrigation et le boisement. Il faut effectivement des canaux pour transporter les bois à l'extérieur et la marne de la périphérie à l'intérieur.

sans laquelle aucune culture suivie et permanente n'est possible; il en faut également pour l'irrigation et la conduite des bois à prix modérés jusqu'à la Loire et le Cher. Les plantations et la canalisation sont deux points tellement liés ensemble, que la seconde est la conséquence de la première, car on ne plantera qu'autant qu'on aura des débouchés pour placer les produits.

Deux autres questions importantes préoccupent, aujourd'hui, les esprits; elles sont relatives, l'une à l'amélioration partielle, l'autre à l'amélioration d'ensemble; sur elles repose l'avenir de la Sologne. L'amélioration restreinte ou partielle consisterait dans l'intervention de l'État pour encourager les plantations par des distributions de graines d'essences résineuses; pour construire ou améliorer quelques portions de routes et achever le canal de la Sauldre, afin d'étendre le rayon d'action des marnières du pourtour de la Sologne, créer de nouveaux centres marneux, venir en aide aux propriétaires pour le curage et le redressement des cours d'eau et l'assainissement des vallées, etc.

L'amélioration d'ensemble consisterait à construire le système de canaux à grande et petite sections que vous avez approuvé dans vos précédentes sessions, sans repousser, toutefois, l'autre mode d'amélioration, afin de favoriser, comme nous l'avons déjà dit, le boisement par l'ouverture de débouchés, la culture par l'apport des marnes, la production des engrais par la création de prés arrosés. Dans ce système, les trois moyens d'amélioration sont rendus possibles sur tous les points de la Sologne, tandis que, dans le système partiel, chaque mode d'amélioration est encouragé séparément dans des zones restreintes et ne peut profiter qu'à un petit nombre de propriétaires. La canalisation est donc seule capable d'améliorer toutes les parties de la Sologne.

On conçoit jusqu'à un certain point, nous le reconnaissons, l'amélioration partielle comme essai; en effet, cette amélioration, telle qu'elle est conçue aujourd'hui, consiste à construire le canal de la Sauldre qui traverse la Sologne de l'est à l'ouest depuis Blancafort jusqu'au chemin de fer, afin de fournir à des prix modérés la marne prise à Blancafort, aux propriétaires des terres situées au nord et au sud de la Sauldre, jusqu'à 4 ou 5 kilomètres de distance. Cette marne, en moyenne, reviendra à 4 fr., soit 160 fr. par hectare, en supposant qu'on en mette 40 mètres cubes par hectare, dépense qui approche de la valeur de la terre. N'est-il pas à craindre, disent les partisans de ce système, qu'à raison de la pénurie de capitaux dans la Sologne les propriétaires n'usent que faiblement des avantages que le gouvernement veut leur faire en construisant des canaux? Si cela arrivait, averti par expérience, il ajournerait à d'autres temps l'exécution du projet d'ensemble; tandis que si les propriétaires, étant mis à même de se procurer des capitaux par l'intermédiaire d'une compagnie créée dans le but d'améliorer la Sologne, ou tout autre moyen, marnent largement leurs terres, et si alors les avantages généraux et particuliers qui en résulteront pour le pays deviennent évidents, alors rien ne pourra arrêter l'État dans l'exécution complète du projet d'ensemble, Sous ce point de vue, le système partiel, il faut en convenir, a de nombreux partisans, même parmi ceux qui désirent vivement l'exécution du projet d'ensemble.

M. Machart a comparé l'amélioration d'ensemble à l'amélioration partielle, sous le rapport des sacrifices pécuniaires que le gouvernement aurait à faire pour l'une et pour l'autre. La première, dit-il, exigera une dépense de 25 millions pour 450,000 hectares, soit 55 fr. par hectare. En supposant l'intérêt à 5 pour 100, il en résultera, pour l'État, l'affectation, par hectare, d'un revenu annuel de 2 fr. 75 c. Telle est l'étendue du sacrifice qui serait nécessaire pour la régénération complète de la Sologne. La dépense nécessaire pour l'amélioration et la construction des routes, les frais d'entretien, le percement des puits de marne, le marnage et les autres sacrifices que l'État s'imposerait, élèveraient la dépense annuelle correspondante à l'amélioration de 1 hectare à 4 fr.; de là la conséquence, suivant lui, indispensable et seule praticable, la canalisation complète de la Sologne. Nous ne suivrons pas M. Machart dans ses calculs, qui reposent sur des bases que nous ne pouvons vérifier. Nous nous bornons à vous faire connaître les résultats auxquels ils conduisent.

Le gouvernement, qui paraît avoir accueilli jusqu'ici favorablement le système partiel, vient de conclure un arrangement avec la compagnie du chemin de fer du Centre, d'après lequel la marne sera livrée, sur différents points de son parcours, au prix de **2** fr. **50** c. par mètre cube; afin d'atteindre ce but, il a été dans l'obligation de faire le sacrifice de **1** fr. **75** c. par mètre cube, soit de **70** fr. par hectare de terre marnée. Un tel sacrifice témoigne déjà de l'intérêt puissant qu'il porte à l'amélioration de la Sologne. Les propriétaires qui se trouvent dans les zones abordables vont jouir de ce bienfait, suivant l'étendue de leurs ressources pécuniaires, ressources qui augmenteraient, disent-ils, si la compagnie du chemin de fer était mise en demeure de transporter les bois à prix réduits, ce qui en faciliterait le débit, le prix de la vente des bois devant servir à acheter de la marne. Votre commission, pénétrée de l'importance de cette mesure, vous propose de la recommander au gouvernement. Au surplus, elle est dans l'esprit de vos délibérations précédentes. En effet, le conseil général a reconnu en principe, l'année dernière, que les plantations d'arbres résineux ou feuillus étaient un grand moyen d'amélioration, mais qu'il ne suffisait pas, pour cela, de distribuer des graines et qu'il fallait encore ouvrir des voies de communication soit vers les canaux actuellement existants, soit vers les chemins de fer; ce qui peut comprimer l'essor donné aux plantations, c'est uniquement la cherté des transports et l'avilissement du prix des bois à Paris. Dans l'état actuel des choses, il faut donc chercher à réduire le prix de transport dans la zone traversée par le chemin de fer, qui est la seule où ce but puisse être atteint. Voyons, d'après M. Machart, quel est le sacrifice qu'exigerait un encouragement de ce genre :

« Les tarifs actuellement perçus sur les bois reviennent à

« très-peu près à 8 centimes par tonne et par kilomètre, soit « 12 centimes par cent de cotrets pesant 1,500 kilo-« grammes. Si l'on veut diminuer ce prix d'un quart, il fau-« dra allouer 3 centimes, et, pour la distance moyenne de « 160 kilomètres qui sépare de Paris le centre de la Sologne, « la subvention sera de 4 fr. 80 c. Mais le cent de cotrets ne « représente que 5 stères de bois. La production de l'hec-« tare est évaluée à 6 par M. Brongniart; la prime à allouer « au boisement devrait donc être de 5 fr. 76 c., c'est-à-dire « que l'on dépenserait plus du double de ce qu'il faudrait « dans le système d'ensemble pour obtenir une réduction « deux fois plus forte. »

Ce résultat mérite d'être pris en considération, c'est pour ce motif que nous le signalons à l'attention du conseil général; mais il ne suffit pas de procurer des débouchés faciles et peu dispendieux aux bois pour les vendre, il faut encore en trouver un débit avantageux au loin, car on ne saurait compter sur la Sologne et les pays voisins pour les placer en totalité. Il faut de toute nécessité les diriger sur Paris où la grande dépréciation de ce produit attire depuis plusieurs années l'attention publique et même celle du gouvernement, attendu qu'elle menace assez sérieusement l'avenir de nos forêts. Je demande la permission au conseil général de lui présenter, à cet égard, quelques observations qui se trouvent consignées dans un travail que j'ai présenté récemment à l'Académie des sciences sur les variations de prix des bois et qui ne seront pas sans intérêt pour lui, parce qu'elles se rattachent au sujet que nous traitons. Dans ce travail, je me suis attaché aux causes qui ont exercé une influence sur la baisse du prix des bois à Paris, baisse qui, je le répète, compromet aujourd'hui la propriété forestière et peut porter atteinte aux plantations en Sologne ; j'ai pris en considération l'accroissement de population, le développement de l'industrie, la température hivernale, et les diverses causes qui, en ébranlant le crédit public, apportent une perturbation dans toutes les branches de l'industrie; les données du problème étaient les relevés d'octroi des quantités de stères de bois, d'hectolitres de charbon de bois et de houille consommés dans la capitale depuis le commencement du siècle et sur l'exactitude desquels on ne saurait élever aucun doute.

Mes calculs et les tracés graphiques qui les accompagnent montrent que c'est sous l'ère consulaire que la consommation du bois a été la plus forte ; que sous l'ère impériale elle a été fortement en baisse avec des alternatives de hausse et de baisse ; qu'elle s'est relevée sous la restauration, avec de semblables alternatives, pour redescendre de 1826 jusqu'en 1834; qu'il y a eu baisse de 1834 à 1837, et qu'enfin le mouvement de baisse est devenu surtout considérable depuis 1848. La plus grande consommation de bois a donc eu lieu à une époque où la population n'était que la moitié de ce qu'elle est aujourd'hui et plus de vingt ans avant que la houille ne fût introduite dans les usages domestiques.

J'ai montré ensuite comment les hivers influaient sur le prix des bois. Les événements politiques agissent pour abaisser considérablement les prix. En 1830, le prix du décastère sur les canaux était de 140 fr.; en 1831, il est descendu à 100 fr. De même, en 1848, il est descendu de 120 fr. à 90 fr., qui est le prix le plus bas que le bois ait encore atteint, et depuis il s'est maintenu à peu près au même taux. Les événements de 1848 ont donc exercé une influence fâcheuse sur la valeur des bois à Paris, influence qui a porté et qui porte encore une rude atteinte à la propriété forestière en général. D'autres calculs ont prouvé que la quantité de bois consommée par individu en moyenne a été en diminuant d'année en année, et qu'en 1852 elle n'était plus que des deux cinquièmes de son état normal. Les trois cinquièmes manquants ont été fournis par la houille.

Quant à la consommation individuelle du charbon de bois, comme elle n'a pas varié depuis cinquante ans, il en résulte, comme, du reste, le prouvent les relevés des droits d'octroi, que la quantité de charbon de bois consommée dans Paris augmente en moyenne proportionnellement à la population.

Ces deux ordres de faits montrent pour quel motif le prix du bois est en baisse à Paris, tandis que celui du charbon de bois se maintient à un taux élevé. La consommation individuelle du charbon de bois n'ayant pas changé depuis cinquante ans, et la quantité consommée de ce combustible croissant comme la population, tandis que les bois entrent de moins en moins dans la consommation, les propriétaires auront donc plus d'avantage à couper leurs bois à dix ou douze ans que d'attendre plus longtemps, afin d'avoir plus de bois à charbon que de bois de chauffage. Ce mode d'exploitation, qui commence malheureusement à être adopté dans quelques localités, sera la ruine des forêts, puisqu'il aura pour effet la destruction des réserves, l'altération plus fréquente des souches, et l'appauvrissement du sol, qui se trouvera privé des brindilles, dont la décomposition concourt avec celle des feuilles à la formation de l'humus ; d'un autre côté, si la houille se substituait au charbon de bois dans les usages domestiques, c'en serait fait des forêts.

Cette situation est grave, et, si elle ne change pas, elle ne tendra rien moins qu'à amener le défrichement des forêts et à s'opposer au reboisement des montagnes et des terres incultes, qui est réclamé de toutes parts. Les propriétaires se trouveront, en effet, dans la nécessité de livrer à la culture des fonds de terre qui rapporteront des produits plus avantageux en céréales qu'en bois, et se garderont bien de faire des frais de plantation dans lesquels ils n'auront pas l'espoir de rentrer avant vingt ou vingt-cinq ans. Telles sont les conséquences inévitables de l'emploi de la houille, dans la consommation individuelle, si des droits protecteurs, à leur entrée à Paris, ne viennent pas favoriser les bois. On voit par là comment la question des plantations en Sologne, et par suite l'amélioration de cette contrée, se rattachent au prix de ce combustible à Paris.

J'ai cru devoir présenter, ici, comme je l'ai fait dans mes précédents rapports, toutes les considérations agricoles, forestières et autres qui peuvent militer en faveur de la régénération de la Sologne, que le gouvernement paraît décidé à opérer, à en juger par les sacrifices qu'il a déjà faits, en restant toutefois dans des limites que la prudence recommande; nous en avons, au surplus, pour garant l'intérêt tout particulier que porte à cette contrée le chef auguste de l'État, qui va faire exécuter dans ses domaines, pour les améliorer, des travaux dirigés avec sagesse, et indiquant une entente parfaite des lieux, des besoins du pays et des produits que l'on peut attendre des terres; reposons-nous-en donc sur sa sollicitude pour l'avenir de la Sologne.

PARIS. — IMP. DE MADAME VEUVE BOUCHARD-HUZARD, RUE DE L'ÉPERON, 5.

www.ingramcontent.com/pod-product-compliance
Ingram Content Group UK Ltd.
Pitfield, Milton Keynes, MK11 3LW, UK
UKHW020955180726
13838UKWH00003B/1334